所谓的特立独行
就是做自己

陆 瑶◎著

特立独行，有勇气做真正的自己

SPM
南方出版传媒
广东人民出版社
·广州·

图书在版编目（CIP）数据

所谓的特立独行就是做自己/陆瑶著. —广州：广东人民出版社，2018.6

ISBN 978 - 7 - 218 - 12490 - 2

Ⅰ．①所… Ⅱ．①陆… Ⅲ．①人生哲学—通俗读物 Ⅳ．①B821 - 49

中国版本图书馆 CIP 数据核字（2018）第 006153 号

SUOWEI DE TELI-DUXING JIUSHI ZUO ZIJI

所谓的特立独行就是做自己

陆瑶 著

出 版 人：肖风华

责任编辑：赵世平
封面设计：金刚创意
责任技编：周 杰

出版发行：广东人民出版社
地 址：广州市大沙头四马路 10 号（邮政编码：510102）
电 话：(020) 83798714（总编室）
传 真：(020) 83780199
网 址：http://www.gdpph.com
印 刷：北京盛彩捷印刷有限公司
开 本：787mm×1092mm 1/16
印 张：14 字 数：180 千
版 次：2018 年 6 月第 1 版 2018 年 6 月第 1 次印刷
定 价：39.80 元

如发现印装质量问题，影响阅读，请与出版社（020 - 83795749）联系调换。
售书热线：(020) 83795240

前　言

人生路上，有彩虹，也有风雨。成功时，留一点清醒给自己，你会发现更多的理想需要追求；幸福时，留一点责任给自己，你会发现帮助别人多么快乐；忧伤时，留一点微笑给自己，你会发现，平凡的生活充满阳光；失败时，留一点梦想给自己，你会发现前方的道路何其宽广。我们每天都在为自己的家庭、梦想、爱情而不断地奔波忙碌。我们得到了很多，但也失去了很多。我们开始渐渐地迷失自己，开始渐渐地忘记曾经那个最真实的自己，我们开始觉得恐慌、焦虑、不安，开始寻找那个曾经最真实的自己。通过这本书读者会开始理解做最真实的自己的重要性，并开始学会怎样应对生活中的难题，怎样在多变的社会里，不忘初心，做最真实的自己。

本书从心理学的角度来阐述个体活出真实的自我的重要性，同时，用真实的事例来告诉读者，个体该如何活得更精彩、更真实。书中作者还给读者提出了许多具体可行的方法，使读者能更好地学会如何活出真实的自己。本书通过五个部分来展开阐述活出真实的自己的方法要领，以及活出真实的自己的必要性。这五个方面包括自我认知、爱情婚姻感悟、人际交往、职场事业、自我提升等，旨在使读者可以从生活的多个方面认识到做自己的重要性。

目 录 ▼Contents

第一部分

镜子里的人是你吗？

所谓的特立独行就是做自己

第一章

认识自己，正视心灵的需求

一、模仿者的面具

叔本华曾写："每个人其实都戴着一张面具和扮演一个角色。"其实社会生活就像是一部正在上演的剧本，每个人都自然而然地带上属于自己的面具，扮演着属于自己的角色，然而在扮演的过程中有些人渐渐忘记了真实的自己，俨然成为另一个人，这该是多么可悲呀！

最近在读奥地利作家托马·伯恩哈德的《历代大师》，里面讲述了这样一个故事：有一个技艺高超的声音模仿者，他善于模仿各种声音，有一次他被邀请到卡伦山表演，要求表演与以前完全不同的节目，他欣然答应了。到了表演现场，他先模仿了一些著名人物的讲话，受到了观众的追捧，并被要求加演，他也答应了，但当观众建议他模仿一下自己的声音的时候，他说办不到。看到故事的结尾，我不免为那个声音的模仿者感到悲哀。他作为一个独立个体，但他自身的本色却在为了适应社会生存的过程中完完全全丧失了。而现在许多人何尝不也是这个声音模仿者的翻版？从小到大身边总会有个"别人家的孩子"。读书的时候父母总会在耳旁唠叨："你看看别人家的孩子成绩多么多么好，是多么多么优秀……"从那个时候起，你可能会脱离了属于你的生活轨道，开始想办法去模仿他，想变得跟他一样。工作了父母又开始唠叨："你看别人家的孩子找了个多么好的工作，混得多么好。"这个时候你开始羡慕别人的工作待遇好，工资高，羡慕别人的生活方式。你想着去模仿别人的生活态度。等你成家立业之时，你又开始羡慕别人的家庭是多么和睦，孩子是多么听话懂事。你又想着去模仿别人的生活方式。就这样一步接着一步，你慢慢地离最真实的自己越来越远，那张模仿的面具在你的脸上越粘越紧，到后来它干脆替代了你本来的样子。要知道这时的你已丧失了自我，变成了一具空壳。

你要知道每个人的心灵、特点、生活从出生那天起就是独一无二的，是模仿不来的。也许你在模仿的过程中，你的某些方面得到了很大提升，但你要明白你的人性并没有得到最大化的发展。在不断模仿的过程中，你开始丧失你本身的个性，到后来你会慢慢忘记自己本身到底是什么样子。也许在未来的某一天，当你再次站在镜子前，你会发现镜子里的自己是那样陌生。

人向着好的方向发展，追求更加美好的事物，本身并没有错。错误的是忘记了自己本身所独有的个性，忘记了自我。在生活中，我们不应该盲目模仿，应该将学习他人与发展自我相结合。我们要不断发现和发展自身的特点和价值，不能缺失了自身的独创性。欧阳修曾说过："学书当自成一家之体，其模仿他人，谓之奴书。"他的意思就是不能盲目地模仿他人，要形成自己的体系，不能被他人的思想所奴化。做人做事跟练书法是一样的，我们最需要的就是做好自己，而不是在模仿的面具下生活，那样没有任何意义。在生活中你需要时常问问自己现在的生活是不是你自己想要的，现在的你还是真正的你吗？千万不要让别人的生活、别人的思想侵蚀了原本的自己。虽然人从一出生模仿能力就特别强，从刚开始模仿父母及周围的人说话，再到后来你模仿别人并学会了吃饭、走路、看书……但这并不意味着你就可以盲目地模仿，并不意味着你就不能做自己。模仿只是你学习的方法之一，你更加需要的是学会怎样做最好的自己，怎样不断地发展自我的个性。

其实，每个模仿面具下都是一张不够自信的面孔，他们因为自卑而不愿意做最真实的自己，他们将自己隐藏在一张模仿的面具下面，他们又何尝不想做自己？所以模仿者最缺少的还是自信心，所以你的习惯模仿不是因为别的，而是因为你的不自信。那么请发现自己的闪光点，不要动不动就质疑自己的能力，做最好最真实的自己。

所以请做好自己，不要让模仿者的面具在自己的脸上粘得太紧，请勇敢地去追求属于自己的生活方式和生活态度吧，摆脱模仿者的面具吧。

摘掉面具，就是要播种一种性格，收获一种命运，走自己的路，让别人去说吧。

的确，我们的人生应该由我们自己主宰，行走在自己选择的人生路上，这其中别有一番独特的滋味。路曼曼其修远兮，在人生的未来之路上，我们要不断地求索路途中一切真善美的事物。

走自己的路，坚定美好的理想，走自己的路，更不能输在起点，而要努力、勤奋地学习。勇敢地走自己的路，带着一份契约，坚定一种理想，为之努力，为之拼搏，让自己的人生不再碌碌无为，这样才能自信地走出一条属于自己的路。

走自己的路，坚定美好的理想，每个人都拥有一条属于自己的路，它正等着我们去发现。但是，如果我们为了方便，而沿着别人的足迹走，那么就很可能像一只学人砍树的猴子一样，一不小心它的尾巴被树夹住了，最后被砍柴人抓走了。可想而知，这只猴子的命运将会被砍柴人操纵。在这个色彩斑斓满是陷阱的世界里，如果我们也像猴子那样盲目模仿，就会很容易迷失自己，很可能我们的命运也会被别人操纵。

我们自己的路自己走，自己的命运自己操纵，从而创造出属于自己的幸福生活。当你找到了自己要走的路时，可能这条路充满了危险和荆棘，想要通过困难重重。你身边的亲人和朋友或许会劝你放弃，或许会鼓励你前进；当然也会有一些不怀好意的人讥笑你或打击你。此时，你更要坚定自己的信念，不要被外界的事物影响到你，不管前路有多危险多困难，只要你认为是对的，就一定要相信自己，不要退缩，那么你将会是最后的赢家，走出了属于自己的路。

模仿别人永远是失败者。人最重要的就是要走自己的路，正如鲁迅所说的，地上本没有路，走的人多了，也便成了路。不管我们的路是否平坦，不管我们前行的路有多么坎坷，不管我们在前进的路上经受了多少人的嘲笑和诽谤，甚至是谩骂，只要我们认为自己选的路是对的，那么我们就要勇往直前地走下去。

模仿别人下面隐藏的是苦恼。因此，人最重要的就是要走自己的路，但前提必须是走正道，做一个好人，不要为了目的不择手段。通过歪门邪道达到目的，不见得心里就坦荡，那样得到的成功，自己心里永远会有丝丝阴影，我们需要拨开这层云雾，让正气的阳光照射下来，如此才能笑得自然，活得坦然。

认清自己的路，为自己规划远大的目标、理想，终有一天，自己会为自己而骄傲的。在追求梦想和理想的过程中，一路的艰辛，一路的汗水，一路的收获，让我们过得更加充实，让我们过得更加美丽。

二、摘下面具凝视自己

在威廉·戈尔丁的《蝇王》中，Jack 和他的同伴们在孤岛上为了生存猎杀野猪。他们在脸上涂满各种各样的颜料，用来掩护自己。Jack 说："脸被涂上颜料的感觉非常奇妙，就好像一部分的自己被隐藏了起来，而在那片颜料下的自己，就好像是整个事件的一个旁观者，罪恶感被慢慢淡化，最后觉得带着颜料的自己做任何事都再平常不过。"而面具下的我们何尝不是这样，感觉戴上面具后自己不好的一面好像被掩盖住了，整个人好像也就不那么自卑。但渐渐的你会发现，你已经将戴面具视为一种理所当然的事，那时你就已经在无意中失去了最真实的自己。

如果你想要摘掉面具，首先你要明确地认识到面具和真实自我的距离与区别，明白什么才是真正的自己，什么才是为了维护自尊或者为了迎合他人而产生的保护自己的面具。你需要把控好二者的度，不能为了维护自尊和迎合他人而活，你更需要的是快乐地做自己。你需要做的第二步就是树立一个强大的自信心，充分认识到自己的内心，发现自己身上的优点。只有当你充分认识和了解自己的内心，他人的言语才不会左右你的思想，阻碍你做自己，你才可以自信地肯定自己的真实的内在人格。所以请抛开外界的声音，正视自己的内心。欣赏自己的优点，但也要客观认识到自己的缺点，这样你才会认识到自己是独一无二的。在这个过程中你便找到了做真实的自己的意义，而不是由他人或者外界的世界所引导和主导着。

心理学大师温尼科特的"真自我""假自我"理论则认为，人如果不能按照最真实的自己去生活，不仅是对那个真实的自我是否存在而表示怀疑，还会有更加深远的负面影响。同时温尼科特认为"真自我"是一种对于自我的自发的体验。真自我可以让一个人感觉到自己实实在在地活着。一个人在"真自我"的状态下会活得比较轻松，会很容易产生一种"现实感"，比如"当我觉得不喜欢一个人，是因为那个人的有些行为、有些性格真的让我不舒服，而不是我自己的感觉问题"。这种感觉对于一个真实的人是十分重要的。这是一种维护自身利益的本能的反应和感觉。相反"假自我"是一种十分虚假的防御性的状态。在"假自我"状态下生活的人，他们通常不是为自己而活，而是在别人的感受下活着。这种生活状态使人并不能真正地了解到自己需要什么、想怎么做、想过什么样的生活，还会使人渐渐地丧失了自发性。这样的人活着是没有灵魂的，是空虚地活着。温尼科特还认为"真自我"和"假自我"是婴儿时期由于母亲对他的所作所为的不同回应形成的两种自我，和我们成年之后为了适应这个社会自主带上的面具是不同的。成年以后你带上的面具是为了保护你自己，是为了更好地与人交往。只要你适度地把控面具的"松紧度"，你依然可以做自己。

如果现在的你已经意识到要摆脱这副面具，首先你需要问问自己"我的身份是什么，我需要展现出什么样的能力"。你需要明确自己的社会身份，再客观思考自己需要具备哪些能力才可以更加完善这个身份。例如：你怎么做别人会称赞你，你怎么做别人会批评你，以及你期望自己以后可以做成什么样。思考这些问题可以让你更加清楚地凝视自己，更加真实地认识到你身上的哪些部分可能并不是真实的你，而是你的面具。

美国音乐家科特·柯本曾说过："我宁愿因做自己而招人厌恶，也不愿为了迎合他人而伪装自己。"你要明白你不是为他人而活。每个人都有自己的缺点，要学会正视自己的缺点，发展自己的特点。"冥想"是一种特别好的方法，可以帮助你认识自我。在开始冥想之前，你需要找一个平静祥和的地方，然后选择一种能让自己的身体觉得十分舒服的姿势，当然传统的姿势是盘腿而坐，双手自然放在膝盖上，原则就是怎么样舒服就怎么样做。如果可以的话请保持眼睛睁开，使所有感官都处于开放的状态。而且你要明白冥想的目的不是睡着，而是你自己找到一种"放松的灵敏状态"。刚开始冥想可以先尝试四五分钟，然后休息一分钟。你还需要做的就是每天选择一个固定的时间冥想。在冥想的过程中它会把你带入一种自我存在的状态，在那里你放下自己，并和自己内心交流。所以说冥想也是一种特别好的认识自己、凝视自己、反省自己的方法。

请鼓起勇气摘下面具，勇敢地面对真实的自己，不要让面具控制了你的行为，不要放弃释放自己，感受自己内心的能力。请坚定地摘下面具，去迎接那个真实的自己。你不是不够优秀，而是你不够自信，你要学会正视自己的优点和缺点。请摘掉脸上虚伪的演说，看面具下真实的自己，不忘初心。

三、让伤疤晒晒太阳

像闪电撕破夜空,伤痛有时就来自一刹那间。那一刻,听不见暴雨的声音和随之而来的隆隆雷声。伤痛又像梅雨季节里腻人而又湿黏的空气,反反复复地折磨,数次累计的不愉快,终也变成了无法弥补的伤痛。

不同的是,雨过天晴后,一花一木都浸润在潮湿的阳光里,没有什么为前夜的电闪雷鸣留下证据。可你的疼痛,却没有哪束光、哪种热可以治愈。它像慢性的风湿病,在每个阴雨天折磨着你,甚至在每个阳光灿烂的日子里也会使你忧虑。可伤痛从来都不是生活的主旋律。若想勇敢地大踏步前行,首先要清除陈腐的枯叶与淤泥,直面那些你不敢回看的伤疤。

它们来自遥远的从前

也许你曾被一些莫名其妙的情绪所掌控着,在明知该勇敢站出来的时候却选择了退缩,在应该沉着冷静的时候却没忍住怒火,为什么会这样?懦弱和冲动以及其他各种负面反应模式为什么总是凌驾于理性之上?追根溯源,我们会发现,我们曾在童年时期有过相似经历,并被迫做出了决定。也许是几个身体结实的小孩子的冷嘲热讽,使瘦小的你自动站到了弱势群体的队伍中,以后哪怕随着年龄增长,身材的差距不再明显，也不再能说明什么，但怯懦的性格仍紧抓着你不放，正如你站在弱势群体的队伍里不走。也许是父母某次冲动的怒吼暂时起了作用，你的潜意识里开始萌发对强权的控制力的崇拜，后来在处理激化问题时，放弃了理智的解决方法，而是同样以冲动、暴力试图控制局面。

童年时期形成的观念难以改变，脆弱敏感的心受到的伤害也难以被抚平。可你要明白，如果曾经你受过伤，那不是你的错。但如果那伤口仍在隐隐作痛，那你要努力治愈它。如果它影响着你的生活，甚至成了你前进路上的阻碍，那你不能再继续躲避。正如毕淑敏所说："童年的记忆无法改写，但对于一个成年人来说，可以重视我们的规则和模式。如果它是合理的，就变成金色的风帆，成为理智的一部分。如果它是晦暗的荆棘，就用成年人有力的双手把它粉碎。"

它们来自亲密的爱人

越在乎的人，产生的杀伤力越大。

最普遍的是发生在亲人之间，我们常常可以看到，那些对调皮的孩子无能无力的父母，恨铁不成钢，却又打不得骂不得。父母心里的伤痛，看来只有等孩子懂事后，变成一道和煦的光，来温暖这道陈年的痛。也有看似不怎么幸运的小孩，遭到打骂与管教。可多年后，当他们真正在当年的管教中受益，再回看过去受到的创伤，阳光穿透了层层严厉，包裹着的最温柔的爱意正泛着金黄色的光。

伴侣之间，也常彼此折磨、受伤。因为太依赖，给对方造成了压力；因为太在乎，反而去猜疑。在一起时，矛盾是伤害我们的利刃；分开后，倒是从前的感动与幸福将我们刺痛，慢慢磨合，终于修成正果，那么平日里的小吵小闹也都在理解、包容和最炽热的拥抱里渐渐消解。

若是伤害彼此的事仍反反复复，终于了结了这段感情，也结成了一道疤，那么请不要就此将自己封锁，将它隐藏。你大可把美好的事一件件陈列，无可奈何的事也一一梳理，在回忆的过程里会发现：从前建筑感情时，你也尽力而为；结果如此，你也无能为力。甜和苦以合适的比例搭配，这段感情已经圆满，不再会有任何遗憾。

在朋友之间，也会无意产生裂痕。当我们是泛泛之交的时候，彼此尊重，保持距离。可当我们的关系渐渐变得熟悉，在谈论、相处时往往会无所顾忌，却又正是因为如此，不经意的一句话就伤害了对方。如果不能及时提出，而是默默忍受，也许就会在心里根植下一粒种子，当它越长越大，就会有一天撑开一道不可弥补的裂缝。在无法挽救之前，千万不要吝惜你的几句言辞，化解小的矛盾、抚平小的伤痛往往最重要的是时机。而在大的伤痛面前，如果两人都足够珍惜，也可以不计前嫌，悉数那些无意造成的伤害，今后避而远之。如果有一方不肯如此，另一方也不必非要寻一个团圆的结局。摊开这血淋淋的裂痕，明白如何至此，方知今后的路该怎么走。如果不是自己的问题，就更不必纠结于为什么自己会受伤，当作一次不怎么愉快的旅程，美好的永远都在前方。

它们来自残缺的心

说起疼痛，自然忘不了皮肉之痛。但我想，皮肉之痛比起许多种疼痛都要退至其后，更何况心理暗示的作用可以使皮肉之痛变得无感或更强烈两种截然相反的极端。所以，真正使一个人疼痛的，是残缺的心。

一个犹太人在牢狱里受尽折磨，最后临刑时想起了与家人共度的美好时光，居然忘记了身上受到的疼痛，笑了起来。强大的内心使他摆脱了肌肤之痛，在痛苦与快乐之间，他坚强又自信地做出了选择。囚禁在牢狱里的他，早已挣脱精神的禁锢，逃出疼痛筑成的牢笼。

地坛不也正是史铁生的圣地，是他逃出身体桎梏后憩息的家吗？身体的残疾，在医院里的多次治疗，肉体一次次摧残着他的内心，使他暴躁不安，惶惶不可终日。当他置身于地坛之中，他那颗消极与浮躁的心逐渐恢复平静，他在平静中思考生与死的问题。残疾也无法约束想自由的梦，伤疤在地坛的阳光里有了生命的活力。

小心翼翼藏好的伤疤在潮湿阴暗的地方滋长、蔓延，从根部腐蚀着生活，不如就让它晒晒太阳，然后大步前行。

所以，要觉悟，要真正觉悟。将过去所留下的伤疤，全部暴晒于太阳底下，让它们全部愈合。从此抛弃过去，开启新的征程。大胆甩掉过去的不愉快，谁人没有过去，又有何人没有做错过呢，思想不背包袱，快马加鞭，向前冲。正所谓"雄关漫道真如铁，而今从迈步从头越。从头越，苍山如海，残阳如血"。不要说雄关像钢铁一样难以逾越，而今我们要从头开始征服它！从关山头上翻越后，远望苍山如海，感怀残阳如血，就像逾越我们心中的过去。没有一个人是从来没受过伤的，没有一个人是拥有一颗刀枪不入的坚强内心。真正的强者，敢于让伤疤在阳光下暴晒。看到伤疤他便会想到自己从前所犯的错，伤疤也在提醒他，要吸取教训，要变得更加强大。所以，一个敢于揭露自己伤疤的人，是一个勇敢的人，是一个敢于面对自己的过去的人，更是生活的强者。

四、闭上眼睛你想变成谁

凌晨一点半，睡眠的边缘，失眠的边缘。预感生活即将剧变的时候，生物在生理上都有不自觉的躁动。周公迟到，理所当然。

十八年的生活保障被打破，他终于开始了第一次关于未来的正式思考，可仅仅是感受到丝丝缕缕的危险信号，求学的围栏之外，暴晒的苍穹之下，他仍然一无所知。

在疑惑与恐惧中，膨胀的不自信卷挟着各种道听途说、耳濡目染的人物格式定义了他又侵蚀了他：儿时，医生警察消防员，教师园丁科学家，收破烂的是大坏蛋；后来，他慢慢理解了复杂、艰难与挣扎；现在，他躺在床上，反复构想着自己未来的生活。他盯着天花板，思绪也随着这个注定失眠的夜晚开始扩散。

"我想成为谁？我的未来又该成为谁？"

或许是像朋友说的，赚点大钱。

在现在这个社会，的确需要钱，一定的经济实力可以确保你更舒适地完成你的伦理道德价值的实现，但完成这个目标可能只需要短短几年，也可能最后一事无成，并不值得为此去做风险投资。"成为有钱人"，这个埋藏在诸多愿望之后的终极目标，警钟般一遍遍地敲打他的内心。

他摇了摇头，眉宇间满是困倦与苦涩。

或许书里说的，追求自己的文学。

他"扑哧"一声笑了出来，也不知道自己为什么忽然想起来这个词，自己曾经在高中写的两万字的超长篇纪实散文随着一声铃响被扔进了垃圾桶。时间慢慢荒废了原来的十八般武艺，现在，可能连笔都不知道如何拿了。他的确读了一些书，但如何说都和文学沾不上边，他也确实写了些东西，但高考说他没用，后来也就放弃了。"自己不是那块料！"他喃喃道。很多时候，闭上眼睛也不想变成自己从未想过的样子。

怎么说呢，太多东西总免不了叹息。

或许父母说的，去大城市工作，安稳度过一生。

安稳又是什么呢？谁不希望安稳？二十岁的青年怎么能满脑子安稳？再说安稳多么无聊！他自言自语着。大城市，小乡镇，无数的青年被这样消磨了意志，放下了理想。

理想！

他开始念这两个字，反复地，断续地，念着念着语速逐渐变快，声音也变得洪亮起来了。窗外大雨将临，狂风呼啸，他的瞳孔映着窗外摇晃的树冠。轰隆隆，轰隆隆，理想，理想。紧接着窗外一声惊雷，凌晨两点二十分，大雨瓢泼。

理想，他的理想，仅仅想着想着就觉得浑身难受，他翻了翻身，看着窗外的大雨，此夜注定无眠。

他的理想，是成为一名海员。

谁知道呢，他从小也不住在海边，也不会游泳，甚至连《水手》这首歌都没听过，但不知为何却笃信自己能成为一名海员，可能是被动画片里的海尔兄弟打动，也可能是一次坐船经历打动了他，他开始着迷于这个神秘的职业。那段时间,他整日搜集着关于海员的一切信息,历史上著名的航海家,性能最出色的客轮,他都如数家珍,甚至报考志愿的时候,他都有意报考了一个海边的大学和听起来很像能成为海员的专业。就像那些追星族那样,他开始变得敏感,开始歇斯底里地保护他的理想,拒绝所有人的反驳与意见。

然而,他终究没有去想,该如何成为一名海员。

这种情况过于普遍,太多人后来的职业和青年时的理想天差地别,说到底不是坚持不够,也不是理想太过丰满,只是从发现问题到解决问题这段过程中,社会的急湍给你的时间往往只有几年。他来到了大学,才发现所报考的专业和海员几乎毫无交集,甚至连上船都很难。他就像哥伦布一样,自以为发现了印度,却踩在了荒蛮的土地上。

当哥伦布知道了自己发现的不是印度,他一定会觉得悲伤。但那毕竟是新大陆,所以无数人也就决定忘掉理想,自我安慰之后,开始在新的领土之上挥舞着锄头重新开荒。如今他也到了这转折点上,新大陆已经发现了,锄头已经握在手里了,你还想去找印度吗?

他冥思着,豆大的汗珠从额头滑落,冷空气从窗户缝中渗入,他不明白、不了解,二十年积蓄的重压之下,他忽地头发昏,只觉得天旋地转,万物不宁,周遭充斥着嘶哑的破碎的声音。他又觉得迷失在人潮涌动的电影院,电影里的人碌碌无为,遗憾终生。看电影的人叫好、吆喝声不绝,仿佛电影里的一切与他们无关。最后,仿佛银屏破碎,一道道刺眼的光射出,周遭的看客消失了,只留下他自己抱着心爱的船模,船模也摔碎了,看着摔碎的船模他号啕大哭。

"大龙!睡觉啦,这都多晚了,咋呼什么咋呼!"

是舍友的声音,是梦。他坐起来,目光扫向窗外,雨还在下,看了看闹钟，三点一刻。

"明天编辑部的稿子要写什么内容？"

"你问这个干嘛？赶紧睡吧！"

"嗯，这就睡。"

他闭上眼睛，躺回了床上，开始构思着明天的文章。此刻他有太多话想说，别人的建议，他的理想，哥伦布的印度。他想象着，哥伦布发现了大陆并非印度之后，便召集了伙伴，挂上风帆寻找真正的大洋彼岸。

"那就是属于航海家的大时代！"

每个人都有属于自己的梦想，现在很流行一句话："梦想要有的，万一实现了呢？"苏格拉底说过"世界上最快乐的事，莫过于为理想而奋斗"，人生的意义就在于为自己的理想而奋斗，生活好比旅行，理想就是路线，失去了路线，只好停止前进。

每个人都有做梦的权利，所以不论任何时期的我们一直在坚信梦想的力量很伟大。虽然梦想跟儿时相比已经有很大出入，但我们从未放弃过自己的理想，对我们自己的梦深信不疑！虽然如今我们无奈地置身迷茫之中，无法脱离，但如果没有梦想，人的一生将是空虚的，就如飞机失去航标，船只失去灯塔，终将被社会所淘汰。但梦想总是随着思想的前进而改变的。碌碌无为是庸人所为，奋发图强是智者之举。

纪伯伦曾说："我宁可做人类中有梦想和有完成梦想的愿望的、最渺小的人，而不愿做一个最伟大的、无梦想的、无愿望的人。"所以，当你拥有雄心壮志的时候，当你想做一个伟人的时候，不要嘲笑一个普通人的想法。别人希望像老虎一样，做森林之王，却不允许我们做一只平凡的小鸟、小兔，那还了得，这世界没法过了……

　　有了梦想，也就有了追求，有了奋斗的目标；有了梦想，也就有了动力。梦想，是一架高高的桥梁，不管最终是否能到达彼岸，拥有梦想，并去追求它，这已经是一种成功、一种荣耀。在追求梦想的过程中，我们在成长。勇敢去追求心中的梦想，无愧于时代。

五、找到心的方向

当你做每一个决定、改变之前，你都需要问问你自己，你真的在追寻心中的那个方向吗？你真的没有忘记你的初心吗？

在这个万千变化的世界，我们每天忙忙碌碌，为了生活，为了家庭，或者为了理想的爱情而奋斗、奔波。然而我们却很少问问自己的内心，这真的是你想要的吗？这真的跟随了你的初心吗？这也就是为什么我们会感到压力，会觉得每天都过得很累的原因。因为你没有一天是为自己而活的，你没有一天过的是你真正想要的生活。

很多人都说热爱是成功的助力，成功源于热爱。其实确实是这样的，当你找到你心的方向，你就会热爱你现在正在做的事，你便会充满动力，而这个时候你就已经成功了一半。记得我的高中同学小 C，她本是某名牌大学金融系的毕业生，还在英国留学两年。回国后她在某银行做高管，每个月拿着高工资，做着体面的工作。身边的很多同学都特别羡慕她。然而上个月突然听朋友说她辞职了，我们都特别惊讶，是什么样的原因可以让她放弃这么好的工作？一次无意的机会，我在咖啡馆碰到了她。我在她脸上并没有看到辞职后的失落，而看到了她满脸的轻松。我怀着好奇心询问了她辞职的原因。她说她在英国的两年，利用业余时间在一位插画师的手下学习插画，原来她只打算将画插画作为一种工作之余放松心情的方式，没想到回国找了工作，发现自己越来越喜欢画插画。她说银行的工作虽然待遇很好也比较体面，但她越来越讨厌银行的工作，觉得每天都跟数字打交道很枯燥，根本没有激情去工作，反而每次回到家画插画的时候她觉得特别轻松，特别有热情。她开始把自己画的插画放到微博上，没想到竟然被一个出版社看上了，出版社的编辑找到她，想请她为他们出版社画插画。让我没有想到的是，她居然义无反顾地答应了。她还说其实金融专业并不是她自己愿意学的，是父母为她做的决定，她现在终于找到了自己真正热爱的事，虽然工作待遇不能跟在银行时比，但她现在活得很开心、很轻松、很真实。听完她的讲述，我再也不惊讶她为什么会辞职，因为我为她而感到开心，她找到了属于自己的心的方向，她是幸运的。

其实不是所有人都跟小C一样，可以有勇气去跟随着心的方向走下去。他们可能迫于压力，迫于无奈，没能勇敢地跟随自己的心，不敢与这个残酷的社会做斗争。在这个世界上有两种人。一种是虽然心存梦想，也向往自由，但他们很胆小、很懦弱，不愿意与现实抗争，每天都活得很累。另一种也心存梦想，他们很勇敢地与这个残酷的社会抗争，也许他们会遍体鳞伤，但他们跟寻了心的方向，每天都活得十分轻松、十分精彩。而小C就属于后者，她勇敢地跟寻了心的方向，也许她丢失了一份待遇好的工作，但她找到了属于自己的生活。

著名喜剧演员卓别林刚开始拍电影时，那些导演们坚持让他模仿当时一位非常有名的德国喜剧演员，告诉他这样他会更快出名。然而，卓别林并没有这样做，他一直保持着自己的本色，用自己独特的表演方法演绎着属于自己的喜剧。在他的坚持和不懈努力下，他终于创造出一套自己的表演方法，并且因此而名垂青史。其实只要你做事不失去真正的自我，你便一定可以发现自身的价值。当你做某件事，做某个决定时，你首先要问问自己的内心。你只有跟寻了心的方向，才能专注地去做一件事，并热爱它。你还要明白，你所羡慕的别人的生活也许并不适合你，你要知道自己真正想要的、需要的是什么，只有适合自己的才是最好的。我们并不需要与别人比谁的生活过得更好，谁的生活更加富裕。我们要做的是做好自己，活得轻松快乐，把每一天都活得精彩就好。

找到了心的方向，就等于找到了真实的自己，就等于找到了适合自己的生活，每个人的生活都是独一无二的。社会虽然是残酷的，但社会的残酷并不能作为你顺应社会的理由。你想要生活富裕其实并不难，难的是做自己，选择真正适合自己的生活。每个人都有做自己的权利，当你勇敢地做自己的那天，你会发现你将变得更加真实，你将活得更轻松、更快乐。去寻找属于你自己内心的那个方向吧！去勇敢地做自己吧！将你的明天活得更加精彩。

下面与大家分享一首来自著名歌手苏芮的歌：

跟着感觉走，
紧抓住梦的手。
脚步越来越轻越来越快活，
尽情挥洒自己的笑容。
爱情会在任何地方留我，
跟着感觉走。
紧抓住梦的手，
蓝天越来越近越来越温柔。
心情就像风一样自由，
突然发现一个完全不同的我。

这首歌之所以在当年红遍大江南北，之所以被歌迷们喜爱，是因为它道出了生活的真谛。岁月匆匆，如白驹过隙，在短暂的一生中，我们要做自己喜欢做的事，活出真我，让生命充盈着幸福与喜悦。生命的意义掌握在我们自己手中，不被外界因素所牵绊，拥有自己的梦想，并为实现梦想而不懈努力，任时光流转，岁月变迁，依然保持自我，还原初心，快乐潇洒地活一生，让自己的人生没有太多的遗憾和悔恨。

写到这里，不禁想起一个故事。泰莱是纽约曼哈顿地区的一位神父，一天，他被请去主持一位垂危病人临终前的忏悔。他赶往医院时，听到了这样的一段话："仁慈的上帝！我喜欢唱歌，音乐是我的生命，我的梦想是唱遍美国。作为一名黑人，我实现了我的梦想，我没有什么需要忏悔的。现在我只想说，感谢您，您让我愉快地度过了一生，并让我用歌声养活了我的六个孩子。现在我的生命就要结束了，但我死而无憾。仁慈的神父，现在我只想请您转告我的孩子，让他们做自己喜欢做的事，他们的父亲会为他们骄傲的。"这是一个流浪歌手临终前的遗言，这段话让泰莱感到吃惊，因为这名流浪歌手唯一拥有的只有一把吉他。他毕生所从事的职业就是在街头演唱，通过他优美的歌声来换取那份微薄的收入。四十年来，他如痴如醉，热爱他的职业，他那带着几分苍凉的悠美歌声感染了听众，听众的掌声就是对他最高的褒奖，就是对他心灵的最大慰籍和他内心的最大满足。

摩西奶奶是一位闻名全球的风俗派画家。她七十六岁才拿起画笔，在将近二十年的生涯中，她创作了一千六百多幅作品，是一名高产画家。八十岁时摩西奶奶举办了个人画展，她的画被很多名家收藏，现在摩西奶奶的作品在世界各地的博物馆都有展出。

这两则小故事，说明了不管贫穷还是富有，无论平凡还是伟大，无论年轻还是年老，只有做自己喜欢做的事，才会全身心投入，从而获得真正的快乐，拥有人生真正的幸福。

六、不要活在别人的影子下

　　生命本身就是一个奇迹，每个人都是世界上独一无二的存在。所以要爱自己，更要爱自己的人生。每一场经历都是独属于自己的故事，要珍惜活着，只要还能安然度日，看到美丽的风景，那便是活着的一种奖赏、一种幸福。把人生当成一种旅行，以一种欣赏和接纳的姿态包容世间万物，每天都会很充实，很开心。过好自己的生活，坚持自己的生活态度，做最真实的自己。

　　著名作家、哲学家周国平说："每个人在世上都只有活一次的机会，没有任何人能够代替自己重新活一次……人世间各种其他的责任都是可以分担或转让的，唯有对自己人生的责任，每个人都只能完全由自己来承担，一丝一毫依靠不了别人。"生命只有一次，最重要的就是做好自己。然而做好自己最关键的就是认识自己，发现自己的特点，寻找适合自己的生活方式。

认识自己

　　首先，你要了解自己性格的优缺点，和你潜在的渴望、恐惧，以及你的性格趋向。在我们不断的成长，在我们遇到一个个困难的时候，都是一个很好的认识自我的机会。克里希那穆提曾经说过："你认识你的脸孔，因为你经常从镜子里看到它。现在有一面镜子，在其中你可以看到完整的自己，看到自己心里所有的事情，所有的感觉、动机、嗜好、冲动及恐惧。这面镜子就是关系的镜子：你与父母之间的镜子，你与老师之间的镜子，你与河流、树木、地球之间的镜子，你与自己思想之间的镜子。"当你在经历一些事，面对一些人的时候，你会在处理事情与关系的时候发现外在的自己，发现自己显在的特点。

内在认识自己。你也许可以从任何自认为无比重要的书中引经据典，但是除非你认识自己，否则你只是一只重复别人话语的鹦鹉。然而你一旦开始了解自己，不论自己多么渺小，富有创造力的非凡行动已经开始了。突然看到真实的自己是一种新发现，包括看到自己的贪婪、易怒、羡妒、愚笨。从这一步开始，你就能愈来愈深入，无穷无尽，因为自我认知是没有终点的。自知之明是智慧的开端，在其中藏着整个宇宙，也包含了人性所有的挣扎。多少世纪以来，我们被我们的老师、尊长、书本和圣人用汤匙喂大。我们总是说："请告诉我，那高原、深山及大地的背后是什么？"我们总是活在别人口中的世界，活得既肤浅又空虚，因此我们充其量只是"二手货"的人。

你自己，这个身为人的你究竟是什么？没有任何人或任何东西可以为你解答这个问题，因此你必须先认识自己。认识自己便是智慧的开端。人生路漫漫，认识自己真的很重要，可是当我身处大学时，却很迷茫，我发现自己很难认识自己。个人只有纯粹地做自己喜欢做的事的时候，去为自己的兴趣和志愿去追求和努力的时候，才会觉得人生有目的。好好想想我喜欢什么？我擅长什么？我想做什么？

放下一切的虚荣，朝着我所认定的方向去追求，我就不应该觉得苦闷、迷茫和彷徨了吧。现在我觉得自己不必要违背老天的旨意，活在自己该活的领域，做着自己天性中应该做的事，不要为了过上某种更富裕的生活而在烦躁和不情愿中日复一日地忙碌!

交往是人类社会活动的基本形式之一。从哲学的角度说,人们在共同生活中,通过交往,把自己的力量结合起来,形成战胜自然、改造自然的生产力,在相互的活动过程中,又形成了一定的生产关系,生产力和生产关系的辩证运动推动了社会的不断发展;从社会学的角度说,人们在交往过程中,产生、发展、丰富了语言,形成了纷繁复杂的社会角色,演出一幕幕惊心动魄的社会戏剧,形成了独特稳定的文化传统;从心理学的角度说,由于交往,人类结出了美丽的智慧花朵,闪耀出丰富的情感火花,练就了钢铁般的意志品质,形成了千姿百态、五彩斑斓的性格特征。通过交往,人们实现了身心发展的需要,习得了生活、学习和生产的知识、技能,受到了社会文化的熏陶,逐渐形成了与社会要求相符合的行为方式。在现实生活中,你会为了适应周围的环境而不断地隐藏那个真实的自己。所以,时常反问一下自己,时常一个人安安静静地坐下来想想你所说的话,想想你曾经的经历,这样你可以更加深刻地认识和了解自己。

发现自己的特点

每个人都有属于自己的特点,当你用心地去挖掘自己的特点,你便会发现一个独一无二的自己。

法国著名作家大仲马的故事就证明了这一点。一个穷困潦倒的青年,流浪到巴黎,期望父亲的朋友能帮助自己找到一份谋生的差事。"数学精通吗?"父亲的朋友问他。青年摇摇头。"历史、地理怎样?"青年还是摇摇头。"那法律呢?"青年窘迫地垂下头。父亲的朋友接连发问,青年只能摇头。自己连丝毫的优点也找不出来。"那你先把你的住址写下来吧!"父亲的朋友对年轻人说。

青年写下了自己的住址，转身要走，却被父亲的朋友一把拉住了："你的名字写得很漂亮嘛，这就是你的优点啊，你不该只满足找一份糊口的工作。"数年后，青年果然写出享誉世界的经典作品。他就是家喻户晓的法国十八世纪著名作家大仲马。世间许多平凡之辈，都有一些属于自己的特点，但由于自卑常被忽略了。其实，每个平淡的生命中，都蕴涵着一座丰富金矿，只要肯挖掘，发现自己的特点，放大自己的特点，你便可以做一个独一无二的自己。

要相信每个人打出生起就是不同的，就是独一无二的，你的特点在你不断成长中会不断显现。特点是需要自己去发掘的，只有发掘了自己的特点，你才能更加了解自己，更加自信。

寻找自己的生活方式

每个人都有自己的生活方式和生活态度，你的路需要用你自己的方式去走，而不是完完全全按照别人的方式去走。找寻适合自己的生活方式才是最重要的。

每个人都有自己向往的生活方式，并且会随着生活的变迁而变化，随着年龄的增长而变化。有人喜欢自由自在的生活，喜欢到处漂泊；有人喜欢一成不变的生活，始终保持一条直线；有人喜欢平平淡淡的生活；有人则喜欢波涛汹涌的人生。但无论你选择的生活方式是怎样的，适合自己才是最好的，别人的生活是你羡慕不来的，也是你不可能模仿的。

老蔡是博洛尼的老板，也是这家顶尖家居巨头的精神领袖。当然，老蔡还是这个时代最具质感和思想的企业家。在江苏卫视播出的《赢在中国蓝天碧水间》中，老蔡无疑是最懂生活方式的企业家之一。他在四十多年的人生阅历中，用二十年的时间写了一部书——《蔡明的 7 姿 16 式》。这部书中，老蔡最想聊的就是他眼中的生活方式。老蔡很经典的一句话是："生活方式是种信仰。"

所以找到并坚持自己生活方式的人，必然都是生活的虔诚信徒。一个有浪漫可以寄托、有生活方式可以坚持的人，绝对和自己的心面对面聊过。"生活方式"这个被媒体用得很烂的词，实际中却很少有人认认真真地去思考和解读过。由于现在生活节奏的不断加快，人们出于生活环境和社会环境等各方面的压力，早已忘记了自己所真正向往的生活方式是什么样的了。所以，当你对你的生活方式感到迷茫的时候，何不安静下来问问自己的心，问问自己想要的到底是哪种生活方式。不要总活在别人的影子下，要活出精彩的自己。因为每个人的性格经历是不同的，别人的生活方式不一定会是最适合你的生活方式，只有寻找到属于自己的生活方式，你才能真正做独一无二的自己。

第二章

相信自己，优雅地大步向前

一、敢于面对镜子里的自己

镜子在这个时代已经算是我们生活中的必需品了吧。面对镜子，我们能审视自己的着装，透过镜子，我们能审视自己的灵魂。倘若，我们不能勇敢地面对镜子里的自己，那么我们便会陷入大千世界的泥潭，迷失心的方向，变得不可自拔。唯有勇敢地面对镜子里的自己，你才能迈出走上属于自己的巅峰的第一步；唯有勇敢地面对镜子里的自己，你才能不断地提升自己，历练自己。所以我们在生活中要能面对镜子里面那个真实的自己、独一无二的自己，同时也要勇敢地去面对那个并不完美的自己。

你听过"猪八戒照镜子"这个故事吗？这个故事告诉我们什么呢？

那就是每个人都要有面镜子，要敢于面对镜子里的自己。故事说的是猪八戒听别人说自己长得很丑，于是他想看一看自己有多丑，当他从镜子里看到自己的相貌时，左看看，右看看，硬是没看出自己哪里像人，一怒之下砸了镜子。但是过了一会儿猪八戒又找来镜子，左看看，右瞧瞧，恍然大悟，"我本来就是猪，为什么要像人呢？"于是每当有人说他不像人的时候，只有他自己明白自己的身份，自然也就没有以前的自卑与恼怒。

对于这个故事，众人有不同的看法，有人认为猪八戒能通过镜子正确地认识自己，是应该被我们传唱出去的，是值得我们学习的；也有人指责猪八戒摔镜子的行为是蛮横无理的……但是我却要称赞猪八戒，因为他敢于照镜子，明知道自己丑，还要看看自己丑在哪里，怎样个丑法。他这样的做法，比起那些不敢照镜子，不敢正视镜子里的自己的人，总算进步得多，而且是很多很多。诚然一个人需要"照镜子"，通过镜子来面对自己，通过"照镜子"来发现自己存在的缺点和不足。当然这面"镜子"不是指玻璃镜片，而是指一切先进的因素，指自己的心灵的镜子。"照镜子"就是与一切先进的因素进行对比，从中找到自己存在的问题，并分析问题，解决问题。

如果你是学生，那么你在学习上是需要"照镜子"的。考试正是照镜子的一种手段。通过考试，我们才能发现自己在学习知识的过程中的不足和缺陷，才能及时查漏补缺，获得一定的经验，避免下次再犯同样的错误。但是有的同学怕考试、不愿考试，实际上是不敢面对真实水平的自己。如果我们只是学而不进行任何考试，那么我们就会处于昏昏然的状态之中，甚至盲目地自我陶醉。如果你是成人，那么你在生活中、工作中也需要一面镜子，通过镜子去审视自己的得失，才能避免浑浑噩噩地活在这个世界上，才能活出属于自己的光彩。

　　我国古代有很会"照镜子"的人，战国时齐国相国邹忌便是一个。邹忌身高八尺有余，而且身材容貌光艳美丽。有一天他在穿衣服的时候问自己的妻子："我与城北徐公比，谁更美？"他的妻子包容、维护他，回答："你美极了，徐公哪里比得上你呢？"城北徐公是齐国的美男子，邹忌不相信，于是又问他的小妾。他的小妾害怕他因而说："徐公怎么能比得上您呢？"第二天，有客人来家做客，邹忌便问客人同样问题。客人有求于他便说："徐公不如你美啊。"过了几日，徐公来做客，邹忌自认为不如徐公美。邹忌敢于面对"镜子"里的自己，明白自己并没有别人美，他人夸自己美，不过是阿谀奉承。他由此联想到：在日常生活中不照"镜子"，对自己的尊容心中没有数，尚且有被欺骗的可能，倘若在处理国家大事时也不知道经常照"镜子"，那所受的蒙蔽就严重了！他向齐威王报告了自己的体验。齐威王听了很赞赏，接受了他的建议，实行鼓励臣民批评朝廷的政策，并能正确地对待这些批评，使国家很快强盛起来。

　　再有一个是唐太宗李世民。魏征就是唐太宗李世民的一面"镜子"。魏征多次在朝堂上"刁难"李世民，气得李世民恨不得杀掉他，可是当魏征去世后，李世民却如丧考妣一般。因为他失去的不仅是一位敢于提出自己意见的好大臣，还是一面能照出自己优缺点的"镜子"。所以李世民曾把魏征批评他的一篇奏章写到屏风上，当作"镜子"，随时对照。他总结自己"照镜子"的体会说："以铜为镜，可以正衣冠；以古为镜，可以知兴替；以人为镜，可以明得失。"

　　古人可以通过"镜子"明得失，现如今我们也可以通过"镜子"正确地认识的自己的成功与失误。我曾经看过这样一个故事：

　　由于没有考上研究生，张强为毕业后将何去何从而感到彷徨与失落。他的女朋友将去一家大公司工作，接触到比自己更好的人，很可能会移情别恋……其他同学都努力地去找工作，而张强则天天借酒消愁，对什么事情都提不起兴趣。有时他混在宿舍里，做着一些不切实际的梦，还时常与室友争吵。无所事事、烦恼丛生的他，似乎到了即将崩溃的边缘。当他去向心理医生求助时，医生给他讲了个故事："有一只章鱼，本可以在大海中自由自在地游动，寻找食物，欣赏海底世界的景致，享受生命的丰富情趣。但它却找了个珊瑚礁，然后动弹不得，焦躁不安，呐喊着说自己陷入绝境，你有何感觉？"医生继而说道："每当你陷入烦恼时，不妨想想那只被困的章鱼，只要松开自己的手，就可以自由游动，困住章鱼的正是它自己的'手臂'。"

这就是为什么生活中我们常常容易被种种困境所困扰，但仔细想想，都是我们自己把自己关进了牢笼，不能正确面对自己，不能勇敢地面对自己的优缺点，所以这个世界需要我们敢于正视镜子里的自己。接受自己，就要敢于接受镜子里的自己，不管他是好是坏。如果他不好，那我们也要面对他，改变镜子里的他，让他变得更好。如果他很好，那我们也不能轻易地放松下来，并且要告诉镜子里的他，不要骄傲，不要尾巴翘上了天，要继续加油，继续努力。

在这个纷扰的世界，正如林清玄所说："一个人面对外面的世界时，需要的是窗子；一个人面对自己的时候，需要的是镜子。"所以我们都需要一面镜子来保持我们的本心，不要让外面的尘埃玷污了自己；也需要这面镜子来正确地认识自己，不盲目地夸大自己，也绝不委屈了自己。敢于面对镜子里的那个真实的自己，敢于正视自己，是我们的必修课。

二、你是自带光芒的小行星

　　宇宙中有无数的小行星，它们虽然渺小，也没有那么大的能量发光发热，但它们一直很努力地做好自己，散发着属于自己的光芒。在这个不断变化的社会，我们都是一颗颗小行星，不起眼，很渺小，却一直在属于自己的轨道上运行着。人生会有许许多多的分叉路口，我们也会时常迷失自己的方向。但无论如何你需要明白的是：你也许是渺小的，不起眼的，但你有属于你的光芒，与其围绕着别人的光芒旋转着，还不如勇敢地做自己，放大自己的闪光点，释放自己的正能量，做一颗自带光芒的小行星。

自信让你自带光芒

　　萧伯纳说过："有自信心的人，可以化渺小为伟大，化平庸为奇迹。"自信其实是一种神奇的品质，它可以让你自带光芒，它可以让你散发出独特的魅力。

　　前两天在微博上看到一个有独特魅力的女孩——来自美国密西西比州的泰斯·霍丽迪。她是目前 MILK 旗下的首位超大号的模特。 身高只有 164 厘米的霍丽迪，体重却有 117 公斤。她说自己由于父母的基因关系属于从小就胖的那种，小时候由于体重偏重，会经常受到同龄小孩的排斥。这让她从小感到自卑。后来在母亲的不断鼓励下，她变得自信。她开始在社交网站上大方分享自己的美照，展露自己的独特身材，鼓励胖女孩们像她一样勇敢展示自己。她希望能够推翻公众对于美的定义，想努力改变人们的看法，改变时尚界以"纸片人"为美的刻板认知。她还认为，胖只是一种人们无法改变的基因，人们不应该因为胖而不自信，而受到歧视。而且她一直有一个梦想就是做一名模特，但她的模特之路并非一帆风顺。实际上，因为体重与身高不符合模特的标准，她曾经被模特选拔机构多次拒绝。但她从来不曾放弃，四年前她发起了"另类审美标准运动"，并用此标签分享自己的照片，因而在社交网站上吸引了62.4万名粉丝。强大的社会影响力让霍丽迪得到了模特公司的青睐，让她破格被 MILK 公司签入旗下。霍丽迪以她独特的美丽与自信，让她自带光环，让她变成了一颗自带光芒的小行星，散发着属于她自己的独特魅力。

正能量，自带光芒

正能量，代表着一种充满阳光的心境，可以自带光芒，犹如一种磁场，带给你身边的人温暖与快乐。我们在生活中都会有这样的体会：与有些人聊天，兴致勃勃，意犹未尽，就算是阴天，也会觉得很快乐很温暖，就像心里装着太阳。每个人身上都是带有能量的，乐观、积极、自信向上的人，充满热情、希望与自信。高中时候的同学小 M，她并不是班里最优秀的学生，也不算漂亮。但班里的每一个都喜欢跟她聊天，跟她玩。因为每当跟她在一起的时候总觉得特别开心，她的身上就好像自带着一种光芒，让她身边的每个人都能感到幸福快乐。当时我就一直在想这样一个充满正能量的人，她的家庭一定很幸福，人生一定一直是一帆风顺的。上大学后，听说她在大学人缘依旧那么好，还当上了学生会主席，我们都为她感到开心。偶然的一次机会碰到了她，说起原来上高中的事，我不禁问她："原来只要跟你在一起总会觉得特别快乐，我们那个时候都觉得像你这样一个充满正能量的人，家庭一定是特别幸福的。"当她听到这句话，默默地一笑："其实我并没有你们想象的那么幸福，我只是不愿意将自己的负能量带给别人，我希望自己可以过得更快乐、更自信。"后来听了她的述说，我才知道原来她母亲因病去世得比较早，父亲为了养活她和弟弟一直在外跑运输很辛苦。可是在她身上却很难看出从小丧母的悲伤，和家境贫寒的自卑，看到更多的是乐观与自信。她还说她从来不觉得自己会比别人差，她从来没觉得自己的负能量一定需要别人来帮她分担。有时候将负能量转化为正能量何尝不是一个更好的选择？没有人是一生都一帆风顺的，你不能主宰你将会遇到什么样的磨难，但你可以主宰你自己的生活态度，你是有爱生活、爱自己的权利的。听了她说的这段话我不禁感叹她身上的魔力，她身上所散发的正能量让她在人群中变得独一无二、光彩夺目，就像她说的那样，虽然上天没能给予你选择出生的权利，但它却给了你选择该如何生活的权利。所以也许你是渺小的，但只要你依然爱生活，只要你自信、乐观，你依旧可以散发属于你自己的光芒。

海伦·凯勒说："信心是命运的主宰。"也许上天没能让你做一颗发光发热的恒星，但你依旧可以做一颗独一无二的小行星。在生活中你每天都会被"正能量"所温暖，与此同时也会有"负能量"会侵蚀你的自信心。那么这时你要做的就是调整好你的心态，不让"负能量"侵蚀你的内心。怎么样将"负能量"转化为你体内的"正能量"？当面对负能量时你可以听听自己喜欢的音乐，看一部感人的电影，或者好好地大哭一场，将不好的情绪发泄出来。但最重要的就是树立自信心，当你受到打击时，你要学会暗示你自己，告诉自己："没有什么可以将我打败，我很自信，我是独一无二的。"光芒不是与生俱来的，也不是别人可以授予的，是从你灵魂深处散发出来的。当一个人变得自信，当一个人变得乐观，当一个人拥有坚强的内心，那种光芒会由内而外散发出来，使你在人群中变得光彩夺目，变成那颗独一无二的小行星。

光芒，是从灵魂深处散发出来的。光芒可以是自信的光辉，可以是正能量的温暖，也可以是人性的魅力。但不管是什么，我都想说：在这个残酷的社会，在这个人性冷淡的社会，何不做一个自带光芒的人？何不去用你的光芒去温暖他人？何不让自己变得更自信一点？你没有权利评判这个社会，但你有权利去改变它。你若美好，才会得到更多人温柔相待，才会得到这个世界温柔相待。让你的生命充满光芒吧！让你的生命变得绚丽多彩吧！一颗小行星微不足道，一滴水终究渺小，但就是这样的存在，也有权利诠释着自己的精彩。

亲爱的朋友，愿你成为自带光芒的人，愿你做一枚温暖世界的小太阳。也许你现在行走在阴霾里，但只要你足够自信，足够乐观，足够坚强，终有一天，你会守得云开见月明，你会成为一颗自带光芒的小行星，散发出属于你自己的光芒，你会成为一枚小太阳，拥有一片属于你自己的天空。

三、美丽的不是妆容，而是心情

爱尔兰著名诗人叶芝曾说过："多少人爱你风韵妩媚的时光，爱你的美丽出自假意或真情，但唯有一个人爱你灵魂的至诚。"真正的美丽不完完全全外表的美丽，而是发自内心的灵魂的美丽。请做一个有内涵而自信的女子吧！

"美丽"的哲学概念一般指某一事物引起人们愉悦情感的一种属性。在汉字中美是由"羊"和"大"两个字组成，具有味道鲜美的含义。在中国唐代女子都是以胖为美，而在宋朝女子却以柳叶眉、水蛇腰为美。可见各个时代对美的定义是不同的。美也有许多方面的体现，但你要明白真正的美是发自灵魂的，内在美对外在美是有促进作用。

一个人的容貌是一出生就注定了，但一个人的灵魂是可以不断丰富和升华的。胭脂水粉只是美丽的附加品，而真正决定美丽的是你的内心是否自信。南宋理宗赵昀的皇后谢道清的故事就告诉我们，美丽的不是妆容，而是自信乐观的心情。

谢道清的祖父谢深甫是宋宁宗赵扩的丞相，与杨太后私交甚深。等到谢道清懂事时，谢家已经衰落。家庭条件差一些并不是女孩的致命软肋，如果长了一副漂亮脸蛋，照样可以成功上位。可惜的是，谢道清是个十足的丑女。"生而黧黑，云翳一目"，皮肤黑得像锅底，左眼还是斜眼。这样的女孩憧憬一份美好的爱情，也许只是痴人说梦。但谢道清不因丑而自卑沉沦，其他女孩对着镜子自我欣赏时，她则在发奋读书，为将来成为白天鹅不断地充电。这份自信，没人理解，只有她自己明白：女人如果失去了自信，就意味着放弃了自己，尤其是丑女。公元 1224 年，宋理宗赵昀即位后，选后就提上了议事日程。贾贵妃生得玉貌绛唇、肌白似雪，赵昀打算立她为皇后。杨太后把赵昀找来骂了个狗血喷头："谢女端正有福，宜正中宫。"杨太后是个懂得感恩的人，当年她被册封为皇后时，宰相谢深甫帮了大忙，所以她要投桃报李。赵昀不敢违背，派人去谢家挑选皇后。符合条件的，只有谢道清一人。谢家犯了愁，硬着头皮将谢道清送进宫，至于后果，只有走一步看一步了。

　　谢道清进宫后，赵昀一看，呀，还是搬出去住吧。谢道清虽是后宫主人，却是夜夜独守空房。面对丈夫的冷遇，是自甘堕落还是奋发图强？谢道清的文化素养给了她无比的坚强和自信，她用自己强大的文化底蕴和优秀的道德素质，将后宫管理得井井有条。其一，不与妃子争宠，皇帝去哪家歇宿从不过问。其二，每日到杨太后那儿去请安，嘘寒问暖。杨太后生病，她亲自端汤喂药，呵护备至。其三，对朝廷大臣低调谦虚，不摆皇帝大老婆的架子。灰姑娘的贤惠，营造了一个和谐的后宫，也赢得了杨太后的器重；朝廷大臣们纷纷赞美皇后的贤德，民间老百姓更是"奉谢后若神"。

　　幸运之门永远会为那些自信而勤奋的人打开。谢道清患上湿疹，御医们束手无策。抱着死马当活马医的心态，谢道清接受了天台山道士的治疗。服药后，谢道清浑身上下居然像蛇一样蜕了一层皮，树皮般的皮肤一下子变得吹弹可破、莹白如玉，丑女竟然变成倾国倾城的大美女。谢道清并不因此骄傲，她仍然一如既往地低调、勤奋、孝顺，主持后宫五十年，皇家后院一直和睦稳定。而她也成了南宋历史上外貌与才能兼备的皇后。南宋皇后谢道清对于我们现在的每个女人无一不是一个很好的榜样。也许一个女人的外貌固然很重要,但你要明白美貌是不能永存的,胭脂水粉也只是附加品。而真正能经得起时间考验的,只有你自信而乐观的灵魂。

自信是女人成功的秘密武器,树立自信是非常重要的。你可以在每天梳妆后对着镜子笑,并在心里告诉自己:我很美,我很自信!你可以尝试多看书,提升自己的内涵;你可以尝试着多运动或者是做做瑜伽,提升自己的气质。清人卫泳在《悦容编》中曾写:"女子好丑无定容,唯人取悦,悦之至而容至。"所以美并无实际标准,自信的女人最美丽。一个女人可以没有姣好的容貌,但一定不能没有一个强大的自信心和乐观向上的心情。容貌并不是女人最大的资本,而自信心和良好的心情才是女人一生的财富。

态度决定一切,美好的心态就是美丽的容颜。试想一下,一个人整天愁眉苦脸,自然整个人精神面貌就不好,即使化再浓烈的妆也掩盖不住丑陋的面貌。

相由心生,心灵美,外貌就美

一株花要长得健壮美丽,需要好的土壤、肥料、合理的浇水,只在枝叶上喷洒一点水是不行的;同样,一个人要外貌美,必须五脏健康,能给人体提供充足的养分和能量,仅靠化妆品是不行的。另外,相由心生,若要相貌美,先要心灵美

"命由己造,相由心生",这句话阐明了:我们每一个人来到这个世界上,命运都掌握在自己手中,是好是坏,都是由自己决定的。人的面相是会随环境、心态而变化的。

从心理学的层面来说，每个人的面相都反映着其相对应的身体和心理的状态，比如一个身体健康、身心愉悦的人通常红光满面、神采奕奕。相反，一个身体有病或苦恼忧愁的人通常愁云密布、眉头紧锁，其多半是很难有顺心的事。眼界即是心界，而面相即为心相，相由心生就是这个道理。

相由心生。心念即生，必然影响身体，比如愉快，心里舒畅，神清气爽，遇事达观宽厚，便有助气血调和；气血调和，五脏得安，功能正常，身体康健，而此又影响心态。良性循环，自然满面光华，一团和气，双目炯炯，神采飞扬，面目慈祥又美丽。反之，若总是工于心计，或郁郁不舒，自然凡事另眼而观，无法如常人言笑，如林黛玉，遇到点事就往不好的地方想，长久如此，则气血不舒畅，营养缺乏，五脏不调，六神无主，面色蜡黄。

一个人如果内心美好，身心处于一种和谐、愉悦的境地，就会感到越活越有意思，越活越年轻，浑身充满活力，显得神采奕奕。现代医学研究表明，以善为本、思想境界高的人，情绪愉悦，大脑中枢神经和内分泌系统调节正常，"生物钟"运转有条不紊，体内微生态环境稳定。这是自身健康与美丽中的重要基石。《黄帝内经》中说："恬淡虚无，真气从之；精神内守，病安从来。"所以，身体发肤，受之父母，但这张脸让人看后是何感觉，还要发于己心。日久则生是相，并非相家妄论。

一把刀是时间，时间会冲刷整容的效果，就像雪堆遇到春阳，渐渐融化。还有一把更尖锐的刀，就是心灵的刻刀。只有心底的明媚，才能滋养出旷日持久的赏心悦目。

四、自卑情结可怕吗

《增广贤文》里有这样一句话:"若登高必自卑,若涉远必自逊。"人生也便像攀登高山一样,必定要从低处起步,当你因为你的落后而感到自卑的时候,你就会从心底想着不能落后。这便就是你不断努力向上攀爬的动力。所以自卑并不可怕,可怕的是当你落后之时,你依旧没有意识到你该努力了。这样你不仅没能有所进步,反而会越来越自卑,你将永远都走不出这个自卑的情结,永远都不能感受到自信的光辉。自卑可怕吗? 不可怕,可怕的是你沉溺到自卑的情结中不能自拔,可怕的是你不知道努力。

最早体验这种感觉,是当我看到他的那一刻,和今后偷偷看他、假装偶然碰见的每一刻。那时刚上高一,和班里的同学关系处得并不好,从一个普通中学过来的我,也第一次感受到如此紧张的学习节奏。家庭的变故也使我忽然没有了依靠。看别人每天好像都过得轻松、开心,而我却过得艰难又困惑,考试时也没有达到理想的成绩,便心情压抑,但无处宣泄,无处倾诉,每一天浑浑噩噩的。记不清是哪一天注意到,每天下午下了第二节课,去训练的体育生在更衣室换完衣服后,都会经由我们班的窗前去操场。他就是其中的一个,偶尔会和同伴嬉笑打闹,更多时候是不说话的。也记不清从什么时候开始,只要有他在场,我的眼里就再也看不到别人。再后来，小心翼翼地说话，托人送他东西，摸索他会经常出现的地方（比如下了第一节课他会从西门出来买早饭、中午放学他会从东门出来），然后制造偶遇的情节……做一切这个时期的少女做的事，也感受着这个时期的少女感受的情绪——自卑。

在别人眼里，他也许不过是一个普通的男生，走路的时候稍有些驼背，眼睛小小的，闺蜜还会模仿他走路姿势来逗我。可在我眼里，他是那个最特别的，他瘦瘦高高的身材、平凡的一举一动，都完美到极致，令我窒息。他面前有一道光，把他照耀得闪亮，而我就站在他的影子里，胆怯、畏缩。我不敢与他说话，甚至不敢对视，总是躲在他看不见的地方，像是偷吃糖果的小孩子，也像一个语言表达障碍者。

这种莫名其妙的自卑，竟然让我有一种莫名其妙的力量。我把他的照片夹在笔记本里，心情低落的时候就会偷偷去翻看一眼，就会觉得重新有了动力。后来毕业很多年后想起那几年，他在我心里仍像一道温暖的光，焐热了那颗自卑的心。

后来我明白，每个人的内心中都会有或多或少的自卑情结。没人可以保证家庭是和谐完美的，路途是一帆风顺的，在过去的时日里，我们多多少少会受伤。难以愈合的伤，便结成了自卑的茧，阻碍着前进的路。

但另有一种自卑，仿佛在做弥补。这种并非伤痛给予的，也不是嫉妒的产物。它以一种安静的方式，一把揽过你所有的不堪和苦难，试图以微薄的力量救你于绝望之境。这种自卑，由爱而生。

著名的心理学家阿德勒在其著作《自卑与超越》中提到，自卑情怀是个人乃至社会的发展动力。或许我们现在正被过去、未来、他人所困扰，忽视了真实的、当下的自己，钻入了胆怯的牛角尖。这是因为我们每个人天生都具有"挣脱束缚""追求卓越"的内心驱动力。过去固然重要，未来也值得我们期待，但更重要的，是我们应该如何看待过去、面对未来。

改变固有的悲观心态，则是改变了对过去的看法，是一种对自我的超越。在超越中，击碎那些对我们产生持久伤害的利刃，愈合那道时常隐隐作痛的伤疤。还有他人的束缚，也是产生自卑心理的关键。他人的眼光以及期许，潜移默化地将一粒不满的种子埋入心里。他人的成就，也无形中与我们自己产生了对比。但我们不应该把关注点放在与他人的比较上，真正应该超越的人是自己。所以对于他人，我们与其合作、与其竞争，其目的都是为了提升自己，而不是在比较中平衡自卑和虚荣。

那么自卑情结可能会带来的危害有哪些呢?

首先，最常见的，当一个孩子渴望得到重视却又得不到时，他通常会采取极端的态度，大哭或发脾气。大多数父母见此状况都会束手就擒。孩子得逞后，会形成习惯，导致其在长大后，习惯性地以这种方式去解决问题。我们知道，这种在短时间内可能会起作用的办法，不会得到人们的认可。于是他在生活中处处碰壁、屡次受阻就不奇怪了。

其次，会使某些器官无法发挥其相应职能。像我们常见的口吃，很多都是由于幼年时期家长过于严苛的管教，使孩子从畏惧中开始怀疑自己，不确定自己是否具备种种能力，所以表现的时候会犹犹豫豫，从而出现口吃。还有我们看到的大多数的失眠患者，及长期患有心理疾病如抑郁症的人，有性欲倒错表现的人，他们都或多或少地存在自卑心理。无法解决生活中的问题与自身产生问题形成了恶性循环，从而加深了心中的自卑感。还有那些一直无法对自己或他人满足的，原因无非是他对自己或他人抱有了太大的期许，使得自己陷入自卑的怪圈。

由此我们可以看出，自卑心理，是一个人明确自己无法解决问题时的心理，它出现的种种情绪，都是自卑情绪。进而我们可以联想到许多极端的情绪，像小孩子一样大哭、大骂、愤怒、冲动以及紧跟着的道歉行为，都是一个人自卑的表现。自卑者常常无法给予自己充足的安全感，会时常表现出紧张，所以常常希望控制别人来获取他们想要的优越感。我们都知道，通过极端情绪来控制别人从来都不是有效的解决问题的方式，所以自卑者从来都不会想去真正解决问题，而更多的是逃避，采取迂回的方式，避免直面问题，也避免失败。

像一开始说的，自卑感并非一无是处，人类的发展正是在自卑中进行的。看到自己不能像鸟一样在天空中飞翔，便发明了飞机。发现自己不能像鱼儿一样在海里遨游，便发明了潜艇。如果没有自卑感，始终处于满足状态，是无法奋进前行、追求超越的。

自卑情结并不可怕，它甚至可以是一道温暖的光，抚慰心伤。它也常常是我们前进的动力。只是切记千万不要沉浸在自卑中，将自己锁起来。因为有不足，我们的奋斗才有目标，生活才有意义。

五、自信，所以优雅

说实话，你没有理由不自信。

换句话说，你贬低自己的理由都太站不住脚。

也许天生有些缺陷，皮肤黑、单眼皮都成为你日夜纠结的祸源，你也会看到网红 Alex 故意将白皙的皮肤晒成很深的麦色，双胞胎模特徐贤和徐允也将她们的单眼皮演绎出东方独特的味道。也许你仍不愿意接受自己的样子，为了寻求改变去整容。这当然是一种可以接受的办法，如果通过改变自己的容貌而获取自信，那么这样做就是值得的。如果一不小心掉入了别人眼光的深渊，为几句怀疑的话开始质疑自己，不再为自己的心情服务，而是不断迎合他人，整容成瘾，就会成为一种病态。

现如今，"网红脸"成为一个不太好的热词，往往形容那些通过整容、化妆来变成千篇一律的美女长相，大眼睛、瓜子脸，而人们对此早已经审美疲劳。这其中，不乏有人小心翼翼地活在精致的外壳里，渴望用闪耀的表面吸引眼光，也当作保护壳，掩饰空洞的内心。倒是 papi 酱凭借朴实的态度、亲民的言辞，迅速成为大众女神。在她的身上，没有过多的修饰，给人一种安心踏实的感觉。因为自信，所以不需要修饰。因为自信，所以不会太在意质疑。因为自信，所以更能呈现真实的自己。

如果再极端一点，不知道你有没有听说过加拿大女孩卡珊德拉·诺蒂。她是一位专业舞蹈演员。在人们心里，舞蹈演员应该有好看的五官和精致的妆容，每个女舞蹈演员应该都像公主一样美丽得无可挑剔。可在诺蒂的右脸的颧骨上却有一块巨大的胎记，见过她的人都会为之震惊。学生时代的诺蒂因为这块胎记备受欺凌，她也曾经动摇过，想通过手术将胎记祛除，但却被告知手术后会留下疤痕，她这才意识到，为此改变自己的外貌并不值得。于是她放弃了手术，选择保留自己的独特。胎记也并没有阻碍事业和爱情的发展，在自己的行业里，她总会使人对她印象深刻。她与男朋友也已经相处了一年多。"人们应感谢自己的独特之处，不要因为受到欺凌而停滞不前，要为自己的独特感到骄傲。"她说。在整容大行其道的今天，乐于接受一张不完美的脸变得多么可贵。她的话语中，有一种自信的力量，让人不再关注那块不可忽略的胎记，而是被她的优雅气质所感染、所震撼。

当你被陌生的小孩子突然叫了声"阿姨""叔叔"，你可能会怀疑自己是否已经老了，但无法掩饰的尴尬与失落才是你身上最老的部分。当紧跟潮流的人提到一个最新的网络用词，是你听不懂的梗，你落寞的情绪是拉低自己价值的最沉的一部分。你总是将美丽与年轻相提并论，但优雅早就不是年轻人的专利。澳大利亚的百岁老奶奶艾琳·克拉默是世界上最年长的舞者，她从 24 岁开始跳舞，到现在已经坚持了将近八十年。2015 年 3 月，由克拉默编导的现代舞《早期》在悉尼北部的独立剧院上演，以此来庆祝克拉默步入了百岁殿堂。她已有一只眼看不见了，但从编舞、服装到艺术设计，克拉默都亲自参与其中。虽不像年轻舞者那样有剧烈的跳跃律动，但克拉默排练时依然认真弯腰、起身，保持着她跳舞一贯的严谨，良好的柔韧度让一起演出的其他舞者佩服不已。克拉默认为，她长寿的秘诀就是不断坚持接触新事物，不断创作与创新。"坚持做一些有创意的工作，因为如果你做的工作有创意，你就一直在做新的事情。"克拉默的脸上已布满皱纹，头上白发斑斑，松弛的皮肤也不及年轻女孩水润饱满。但在舞台的灯光下，她的一举一动，都充满着自信，人们很容易为她神秘的魅力所倾倒。抛下年龄的反差，她是舞台上最优雅的女人。

还有一个叫作 Masters Athletics 的组织，是一个专门为 35 岁以上人士举行田径比赛的组织，而且参赛的年龄组别连一百岁以上的也有，令人难以置信。我们知道，一个运动员的黄金年龄，通常在三十岁以前就已经结束，但在这个赛场上，我们看到退休的老人驰骋着，跟别人赛跑100 米。"老夫聊发少年狂，左牵黄，右擎苍"，谁说竞技体育只是年轻人的赛场？一群年过古稀的"老男孩"一丝不苟地贴上号码牌，随着发令枪竭力一跃，满头银发在风中任性地飞扬。年轻，不是黑发童颜的外表，而是永不言败的勇敢的心。正如九十四岁登上《时代》周刊封面的摩西奶奶所言：人生永远没有太晚的开始。看着行动不便的老人们自信地迈出脚步，那一刻，他们是优雅的。

不必再无休止地自我怀疑、自我否定，你是什么样子，取决于你认为自己是什么样子。你能变成什么样子，取决于你认为自己能变成什么样子。因为自信总能给我们一种积极的心理暗示，这种积极的心理暗示引导的生活，会越来越光明。给予积极暗示的你，会越来越优雅。

真正的优雅从来不来自外表，由内而外散发着自信的你最有魅力。

六、摘下没用的标签

现如今，标签作为一种简易分类方式，被广泛运用着。通过标签，我们可以轻易了解到一个艺术家是什么风格，从而更有方向、有目的地去了解。标签似乎也方便了我们自身的发展，为了给自己贴更多的标签，我们可以不顾自己是否真正喜欢、真正需要，而去做一些表面的工作，最后获取了似懂非懂的知识，空落一身无意义的标签。

这种方式在快节奏的生活中备受欢迎，可也正是因为快捷、便利，也就失去了其中最为宝贵的内涵。首先想一想，我们通常都会为什么样的人贴标签。这些人是否都只是刚认识的泛泛之交呢？或许在某次夏令营中曾组成了几天的小组，或许是一起参加了家长会，甚至只是在加油站等候加油的时候聊过几句。这时，我们便可以凭这一面之缘，对这个泛泛之交下一个定义：爱笑、喜欢逞能、总说一些似真似假的话……这些定义，也只能在同样与他是泛泛之交的人中提及，无法供其亲密的人一齐下这些定义，正如我们也不会为亲密的人下定义一样。单凭几条标签，如何详尽地描述一个人呢？你大可说我父亲在厨艺方面有所造诣，驾驶能力却不出色，但这也都是旁人眼中的他，在亲密的人眼中，这些都是他的冰山一角。擅长厨艺并不代表大多数女人会做的家务，她也一定都会。汽车驾驶对于他来说有难度，也并不代表大多是男人做的技术活他做不来。但标签化很容易产生这样的误导,在标签的指引下,我们也许无法认识一个真实、饱满的人,甚至这种指引能将我们指向截然相反的方向。

这种方式对定义的扭曲远不止如此。作为一名作家的老粉丝,我也眼睁睁看他淹没在这场标签化的潮流中。当他被贴上"治愈"之类的标签时,想必也有许多人会从这个词开始了解他,或者当即就终止了了解。我不由得感到委屈。虽然他的文字不止一次地陪我熬过困境,迎来黎明,也曾抚慰过我的心伤,但这样一个完整的人与他丰富的情感,怎么能单凭"治愈"二字就能概括呢?这种标签化,是否已经在一定程度上剥夺了人们理性思考、客观评价的空间了呢?

前段时间一部热播的电影《疯狂动物城》也体现了这种潮流的弊端。从小怀揣梦想的兔子被贴上了"弱小"的标签,当她告诉大家她的梦想是成为一名警察时,她不仅被其他动物质疑与歧视,在警察局也是处处碰壁。而她后来认识的狐狸,也遭受了同样的待遇。在大家的眼里,狐狸就应该狡猾卑鄙、作恶多端。影片颠覆了人们对刻板印象的认识,兔子最终实现梦想当上了警察,狐狸帮助兔子消灭了坏人,体型健壮的北极熊们的黑帮老大是一只渺小的老鼠,残忍事实的幕后黑手是一只温顺的绵羊。在这种反差中,不禁反省自己,是否也深陷这种刻板印象,对很多事情做出了错误的判断,甚至曾因自己错误的认识对无辜的人造成过伤害。由动物的世界反射人类社会,让人反思,标签化有时候竟是那么的荒唐可笑。

所以反观我们自己,便不难得出,一味追求那些看似受欢迎的标签是没有意义的。在这种体系下,社会和他人更快地认识到自己,自己也很快寻找到他人的认同感,与自己在社会中的存在感。但往往被定义的背后藏着的是自卑与不满。所以,过分着迷于标签,会逐渐迷失真正的自己。

　　曾看过这样一组图片，同一个人穿着风格截然不同的两身衣服，看到的效果也完全不同。哈佛毕业的学生也许是街上看起来最像黑社会的那一个，世界五百强的 CEO 可能就像个油漆工，而路过你家门口的乞丐，其实是一个伊拉克的退伍老兵……也有一个法国的摄影师 Bruno Fert 拍摄了一组人们工作和生活的对比照片。人们很容易将一个人所从事的职业符号化，形成某些刻板印象，认为这个人应该是这样的。"要记得，你并不等于你的工作。"他说。一位战场上的英勇女战士，在家也会是一位温柔的母亲。"你看起来像什么，你就是什么。"这句在网络上备受追捧的话，值得我们深思。一个人内在核心是要尊重自己，接纳自己。我们应该相信"虽然我有这样那样的标签，你也对应投来这样那样的眼光，但我依然是我自己"。

　　当然，任何事情都有两面性，完全否定标签化也是没有意义的。多亏了有这些心照不宣的标签，我们知道了如何与陌生人打交道，快速地融入新环境。通常我们到一个新环境里，如果没有外界帮助，总是需要花大把的时间和精力来了解新的人和群体，这一路还会跌跌撞撞，充满挑战。但有了这些标签，就可以省去大部分的精力。我们会知道，在黑人在的场合要谨慎地开一些关于人种歧视的玩笑，在一个自尊心特别强的人面前，那些对他有挫伤的言辞也要避而不谈。和老年人一起看电视，就不要换到那些她们看来无厘头的综艺节目。与一个来自沿海城市的同事一起吃饭时，也可以选择做海鲜的饭店。

　　对于我们自己，如果适当合理地运用标签，也不无益处。它有时就像是一种心理暗示，当我们常常被冠之以"长相漂亮""行为落落大方"的代言人时，就会不由自主做出这方面的努力，并且更自信。标签也使我们很容易找到有相同兴趣爱好的人，并且可以以此作为一个开头，去深入了解彼此,接触更广阔、更丰富的世界。

　　但是,摘掉没用的标签吧。也许那些看起来会让你更受欢迎的标签,恰恰会将你置于庸俗的场合。不要与你想成为的自己、与有价值的自己,背道而驰、渐行渐远。

第三章

充实自己，安静地聆听生活

一、独处时的你孤单吗

毕淑敏说，孤独是一种兽性。"孤独这两个字，从它的偏旁与字形，一眼望去，就会让人想起动物世界。看来我们的祖先在造字的时候，早已洞察它的精髓。"低等的生物往往都会成群结队，像海洋里密密麻麻的沙丁鱼、树干里的白蚁。物种慢慢进化，孤独也悄然而至。草原上的豹子，森林里的老虎，它们常常独来独往，看上去一身清高。

到了人类，更是如此。很久之前的人聚集在一起，随着社会发展越来越复杂，每一个人都趋于独立。人，生而孤独。

但生活在这个世界上，我们本来就没办法避免与他人的交流与互动。"他人即地狱。"萨特如是说。

　　相信每个人都曾有过这样的体验，没有精神寄托，无依无靠，没有电话打进来，没有一条简讯与你相关，外面的世界热闹、喧哗、拥挤，你躲在阴暗的小角落里，冷清、死寂。你觉得难过、失落，散发出的卑微的情绪也不会被人关注。你感觉，自己被全世界抛弃了。

　　如此消极的独处，不是一件容易的事。我记得那些难过的日子，每晚都一个人跑到操场上，看飞机闪着红色的灯，穿过灰暗的云层。渴望哪一架，可以带走我。时间在教室、食堂、宿舍间慢下来，看着时针与潮湿的空气相互纠缠着，恍恍惚惚，好像早就生锈了。整日的阴雨天，从天气预报上数着一个个难得晴天的日子，也不得不穿着凉拖鞋，趟过暴雨后泥泞的草坪。想家的时候，就闭上眼，想象潮汐的声音。人群总是熙熙攘攘，而我总是戴着耳机，外界一切情绪都与我无关。重复着单调的步伐、单调的生活，禁锢在自己的世界里，没有出路。

　　这也许是一种我们每个人都无法逃避的情境。对于很多生活在大都市里的人来说，这也许是他们生活的主旋律。为谋生整日奔波，工作的疲惫无处倾诉，只有痛饮几杯以得到短暂的释放，可就连喝酒，也是与孤独共饮。就连看似无忧无虑的孩子，也有孤单落寞的时候，尤其是很多家庭关系不怎么健康，不适合一个孩子度过一个完整快乐的童年时光。青春期的少男少女更是会为了寂寞而寂寞，故作伤春悲秋的样子，彰显自己的不同，也将孤独当作炫耀的资本。

　　独处也是一个必须经历的过程。尽管我们每个人都知道爱情会将人折磨得死去活来，但我们仍乐此不疲，不是吗？独处相对这个过程，要被动一些，否则就无法感受到那种冷寂。在我们长大的过程中，很多能力会一起变得强大。而这些能力，往往都是在无依无靠的时候被逼出来的。像孩子很小的时候在幼儿园里，没人喂饭的时候学会了自己吃饭，没人帮助穿衣的时候学会了自己穿衣。读书的时候去了很远的地方，没有父母在身边，许多事情才学会自己去做，许多情绪也开始自己承担。如果没有独处的时光，就始终无法摆脱依赖。给予的人与获取的人都习惯了付出和索取，这对双方都会造成伤害。

独处不仅会将我们培育成一个完整的人，还会在此基础上锤炼我们的意志。著名的心理学家古斯塔夫·勒庞在他的著作《乌合之众》中讲述了个人在群体中与其是单独的个人时的意识形态截然不同，甚至可能会完全相反。群体中的个体会失去理智思考的能力，而遵循原始的思维回路，也就是野蛮。完全凭借感性做事，只能成为领导者的奴隶，无法成就大事。而独裁者不会局限于某一个群体，相反，他们会利用群体。这也同样可以运用于伟大的科学家与普通的学问人，相差的也许就是一种独处能力。与喧嚣相持，是本身具有的欲望。而与寂静相持，却是不可多得的本领。群体有巨大的诱惑力，简单的举动就可以得到认同，每一个人在其中都可以轻易获得存在感，浮躁的人总是难以经受住这样的诱惑。耐得住寂寞，不随意苟同的人，虽然屡遭失败，也有很多鄙夷的目光投在身上，许多不赞成的话语经过耳旁，但最终会为自己正名。

独处从很多相处方式中脱颖而出，它作为一种修身养性的过程，弥补了与他人相处的遗憾。有一句话这样说："我们每天都在被外界侵犯，你跟别人接触的时候，你就会接触到他的世界，那个世界就是所有人在那里做各种物质交换的世界，所以我要花时间回到我的世界，去修补，我的世界需要自我和宁静这件事情。"如果与别人相处只是把酒言欢，嬉笑怒骂中没有什么建设性意义的话，那么对于自己成长而言，不如高质量的独处能够带来更多价值。

"几乎我们所有的痛苦，都是来自我们不善于在房间里独处。"帕斯卡尔如是说。看来，如果仅仅将独处与孤单相提并论，是有些肤浅了。只要稍转变一下态度和方式，我们完全可以在独处中找到能够支持自我的力量，并且拥有自己独立的精神世界。要知道，起到积极作用的独处是一件非常美好的事，但如果它只是你逃避生活的方式，那么这个时候就要小心了，不要被这种消极的情绪长期折磨下去。

现在我们再去问这样一个问题，独处的时候你孤单吗？你会怎样回答呢？

二、充电是为了更好地释放能量

有这样一段时间，你渐渐淡出了人们的视线。每天都在忙碌奔波着，却没人知道你在忙什么，你也从不说。直到某一天，你接到名牌大学的录取通知书，或者突然被另一家更知名的公司挖走，人们忽然意识到，最安静的人往往最有能量。

因为努力无须炫耀，"成就"自带光芒。古往今来，不乏这样鲜活的例子。司马迁退隐十多年，写出被称为二十四史之首的《史记》，为后世留下了一份无价的文化瑰宝。他也以先世贤人的事迹勉励自己。周文王被纣王拘禁在狱中推演出了《周易》；孔子一生困顿，晚年时写出《春秋》；屈原被楚怀王放逐汉北，写出《离骚》；左丘失明后写出《国语》；孙膑被处以膑足之刑，才撰写出《兵法》；吕不韦被贬后才有《吕氏春秋》流传后世；韩非子被囚禁在秦国，因此写出《说难》和《孤愤》。那一段特别艰苦、与世隔绝的日子，往往都是一个积累的过程。

马克思写《资本论》，共花费了四十年。从1843年起，他开始收集资料、研究一些经济问题，将摘录、提纲、图表等一切可能用到的材料加以整理，做成纲要，经过深思熟虑后，在1857年才开始动笔，1863年完成初稿，第一卷直到1867年才出版。他在写《资本论》的过程中，阅读的书籍、刊物多达1500多种。他甚至还研究过俄国土地关系、农业化学、土壤化学、实用经济学，但凡与他的著作相关的材料，他无不认真钻研。马克思誊写的笔记本，包括手稿、摘录、提纲、札记，至少有一百多本。他在研究经济学的时候，也是将各大名家像李嘉图、赛依、西斯蒙第、穆勒等人的古典著作拿来一一精细阅读，从 1843 年到 1847 年，他共做了 24 本经济学的笔记。正是因为有这些潜心积累的过程，他的著作才长久得到人们的认可。

　　再看当今社会，宫崎骏已是一位家喻户晓的动画制作人。他创作的《天空之城》《龙猫》《千与千寻》这些时代中的标志性作品，陪伴了几代人，俨然成了童年回忆的象征符号。功成名就的背后，媒体表示他曾多次宣告要退出动画界，而在这一次又一次的传言之后，总是有更惊人的作品现世。回顾他第一次发出告别观众的声音，是在他执导第三部个人作品《天空之城》公映之后。这部影片经过了 30 年的岁月变迁，仍被认为是一部魅力持久的佳作。影片公映之后，年仅 45 岁的宫崎骏就在接受采访时暗示要退出动画界。几年后，他又凭借一部《幽灵公主》复出。而这次获得的战绩更为显赫，它不仅以 179 亿元的票房再度刷新了日本影坛最高纪录，还赢得了第二十一届日本电影学院奖最佳影片的桂冠。而后，又是"就此收手"的说法，以《幽灵公主》荣获的票房成绩和影视地位来看，许多人都已坚信宫崎骏大叔是要真的收手了。不料四年后，他带着那部被公认为最具有代表性的《千与千寻》再度出现在人们的视野中。这部影片已不再局限于国内，而在全世界范围内取得了更加叹为观止的成就，拿下了当年奥斯卡最佳动画片奖，成为柏林电影节有史以来唯一一部荣膺金熊奖殊荣的动画电影，为他赢得了国际级别动画大师的声誉。宫崎骏的一再退出，又何尝不是为自己腾出可以静心的空间，来充实、积累呢。每一次复出都获得更大的成就，足以证明他潜心修炼的价值。

充电的时候,是无须发声的。我们生活在一个浮躁的世界里,仿佛每个人都在朋友圈里过着令人羡慕的生活。人们炫耀着一切可以炫耀的东西,哪怕是流水账的日常,也会被扭曲成孤傲清高。你的朋友圈里也一定有这样的一些人,满屏都是正能量,一段激励的鸡汤文配一张或是图书馆或是健身房的图片。并非是否定这样的行为,而是见过太多坚持没几天后就不见了踪影。努力本来是一件美好的事情,也是年轻人应有的状态,但却在现代社会的浮躁之风中渐渐滋长了表演的成分,意义就变得单薄起来。仔细考虑,这时的你,真的在充电吗?还是随着潮流,在人群中过着别人眼中生活的另一种表演方式?

这个世界讲究效率,追求结果,有时确实会显得冷酷无情。有时需要一件事情的结果足够惊艳,别人才有兴趣去追究那些过程里的细枝末节。如果在未得出成果之前,就将事情一一摆出,讲得头头是道,天花乱坠,就很难保证结果的惊艳程度可以配得上过程的大张旗鼓。毕竟充电的过程,没有那么实际。努力的程度也是无法以一个简单的尺度去衡量,如果一味地炫耀、放大,与实际付出不相匹配,就会显得廉价起来。努力的过程通常是枯燥、沉闷、平凡、日复一日,也许毫不起眼。被过度提及的"努力"二字往往门槛很低,真正有效地度过充电期,在那之后爆发出十足的能量,却不是人人都能做到的。

当我们一点一点变得更强大,便会满足于自身的提高,不会在乎他人是如何看待自己的努力。每一天都比昨天的自己更好,这是一件多么令人上瘾的事情啊!那些未曾到来的、正日益清晰的、从心底升腾起来的渴望,以及始终雄心勃勃的进取状态,才是一个人不用刻意炫耀,也能格外耀眼的光环。

爬坡的过程往往很累,也往往不足以使旁人知晓。但在迎来黎明的曙光后,我们也愿意相信,那一切都是值得的。

三、有韵味的不是姿态，而是知识

提到"韵味"这个词语，人们往往是在用它而不知其意，但却都有自己的评判原则和一种类似于群体观念产生的大致的标准。并且这个词，被太多人用在女人的身上，那我们就从这种形容女人的韵味说起。

最近终于走进了大众视野的民谣歌手赵雷，他有一首歌是《三十岁的女人》，整首歌或许就讲出了一种韵味，这是一种岁月雕琢了个人所产生的东西，每个人都不同。反观他的《南方姑娘》，这首歌听起来就没那么成熟的味道，而更像是年少的懵懂。赵雷用三十岁作为一个标准，去简单定义了女人的韵味。三十岁的女人，在姿态上怕是要稍逊于一个姑娘，但感觉出韵味不减反增，中间差的无非是岁月。岁月的流逝，其实带来的就是对于自己的生命的认知的积累，那是知识。

其实，韵味这个词，是含蓄的意味或情趣风味。它是传统美学的总结，特别对于中华民族，从古至今所形成的共同的美学观念和评判原则，使得这种无法表达出来的含蓄之情显得尤为重要。如果给这种感觉下一个明确的概念，或许套用"涵养"两个字能表达一二。因为韵味对于每个人来说都是不同的，而涵养的具备与否以及程度的高低却是相同的。有时候，可以把姿态和韵味看作对立，岁月的流逝带走了姿态的美好，剩下的是韵味。韵味靠的是自己对于自己生命的认知和态度，这是人生中重要的知识。知识的积累是第一步的量变，接下来的质变就是涵养的修炼。或许，涵养是韵味的基础。

　　然后再来讨论知识。知识是包容的，个人会不断地接受四面八方的知识，这种知识不是狭义上的普通学习获得的，而是个人接受外界影响以后所感受到并且同化为拥有个人意识之后的认知，这种知识才应该列入韵味的讨论之中。这也就是为什么姿态不是韵味的决定因素，因为它只具备衰减性，而不具备积累和质变，随着时间的流逝，韵味会随着知识的增长继续丰富并且细腻，然后在一个时段达到高峰，而姿态的变化趋势与之并不统一。

　　既然已经解释了韵味和知识的定义，那么应当换一种格局来讨论了。当一个人具备了一定的涵养后，相信这个人也要适应属于自己的生活，然后在之后的一段岁月中被慢慢打磨，并且不断地汲取着属于自己生命的知识，直到这个生命具有了大概的定性形态，那么属于这个生命的特性便生发出来，其中一些较为优秀的形态，就被划进了韵味的定义之中。韵味的定义中唯一的形容词是含蓄，这是跟传统的美学相符的，所以韵味到这又有了前提——含蓄。特别提出一点，这种含蓄，其实是美学，是隐而不发，绝不是空无一物。拥有这种含蓄是需要学习知识的，需要积累属于自己的知识，并且提炼出符合自己生命形态的东西，把这部分的知识化为固有的认知，从而产生特性，形成自己的韵味。这是一条不可避免的道路，所以说，韵味的形成，势必要依靠知识的积累和运用，而姿态，不过是一种很外在的表现形式。

　　并且，有一个矛盾需要解开。韵味是一种属于不同个体的不同特性，但却具有群体观念产生的大致标准。其实这并不冲突，韵味作为一种能体现于外在的感觉，就一定有大致的标准，只不过这个标准很宽泛。说一个人有韵味，只不过是他拥有大量被自己同化了的知识并且善于运用自己的知识，从而表现出这个人的特性，比如沉着稳重、精明能干等，能在属于自己的领域、生活和圈子中有独到之处或游刃有余。但是，知识的来源和固有的传承是不变的，大量的知识所形成的最终导向是不会变的，传统的美学的导向即是知识的认知方向，所以韵味就拥有了前提，无论学习到的知识多么复杂，但最后随着积累和提炼，扩充之后的灵魂就必定变得含蓄而有深度。这个深度，就属于韵味的范畴了。

韵味所涵盖的方面很广，并且是不断变化的，有形成期、巅峰期，当然也有可能消失。要明确一点，韵味与气质不同，这个不同之处，多体现在它的变化上。韵味涵盖姿态，但这种姿态绝不是体态，知识的学习可以保持或者在姿态改变时让它呈现出另一种美好，所以，并不是不承认姿态，只不过知识才是决定性因素。然后再来看变化，可以用数据化的线性表示韵味与姿态和知识的变化。设想如果我们建立一个平面坐标系，宏观地看，知识变化和韵味的变化应该是息息相关的，并且走势上比较一致，而姿态的变化对韵味的变化影响较小，而且走势上与韵味的走势也存在差距。而韵味的变化拥有无限的可能，可能表现形式多样，可能会从一种感觉改变为另一种感觉，但是每一次改变，跟个人具备的知识导致的质变是分不开的。

无论怎样表述，在这种宏观的格局上都无法把韵味和知识具体下来，那么就再次回到开头的例子上，再去看歌曲和歌手。歌曲给予歌手的感觉，源自歌曲中描写的故事。这些故事，就是作词人知识积累的表现，是能体现作词人韵味的。然后再抛开歌曲看歌手，他也是有韵味的，并且他的歌都带着属于他的韵味，他的这种韵味，就是他对多年属于自己的知识的运用。

在最后还要强调，韵味不同于气质，比如赵雷，他曾经在圈内无人不知，但是圈外无人问津。因为，听得懂的人看的是韵味，外人看的多半是气质。这就是为什么知识相比于姿态在韵味中尤其重要，它不是完全表现出来的，而是个人的东西，知识才是其底蕴和来源。

四、在旅行中发现真正的自己

马克·吐温说:"旅行是消除无知和仇恨的最好方法。"时常旅行的人一定有一双婴儿般好奇的眼睛,去看不同的社会。旅行也会让你变得宽容,更懂得好好去爱和珍惜。进行新的尝试,也能让你重新发现最真实的自己。

旅行表面上看是从一个地方到另一个地方,而实际上旅行的真正意义是在旅行的过程中不断探索,不断发现真正的自己。最近看了《一个人的朝圣》,这本书讲述了六十岁的哈罗德在酿酒厂干了四十年的销售代表,默默退休后的故事。退休时他没有升迁,没有朋友,也没有敌人,公司甚至连欢送会也没有开。他跟隔阂很久了的妻子住在英国的乡间,日复一日地过着平淡的生活。而这一切的平静却在某一天的早晨被打破。他收到了一封信,来自二十年未见的老友奎妮。

她患了绝症,写信与他告别。在无比的震惊、悲痛之下,哈罗德写了回信,在寄信的路上,他从奎妮的事情想到了自己的人生,经过一个又一个邮筒,越走越远,最后他从英国最西南一路走到了最东,横跨整个英格兰。87天,600多公里的路程,只凭着他的一个信念:只要他继续走下去,老友就会活下去!

老人不顾一切地踏上徒步之旅,只因为心中的那份信念。这是一趟真正的认识之旅。在旅途中，老人遇见了形形色色的人，接受着陌生人的各种不可思议，体验着长途旅行的辛劳与不适，他开始怀疑自己出发的理由，开始质疑这场徒步旅行的意义。他的体力真的能撑到最后吗？奎妮还能撑到他来的那一天吗？他也开始动摇，甚至想放弃这场看起来毫无希望的旅行。但是，因为一些陌生人的鼓励和帮助，他重拾最初的信念，坚持了下来。有人安慰他说：去接受一些你不了解的东西，去争取，去相信自己可以改变一些事情。哈罗德在路上，寻找着自我与灵魂。他选择徒步而非坐车，在六十岁的年纪独自前往几千公里以外的陌生城市，这一切的一切都让哈罗德的旅行看起来更像是一场狂热的朝圣。一路上老人遇见了形形色色的人和事，而真正的改变正在他的内心逐渐发生。

站在一个旅行者的角度，路上的一切对于他来说都是开放的。因为在旅途中身心的孤独以及处于陌生环境时的敏感，哈罗德解放了自己，回避了二十多年的痛苦回忆，开始反省自己曾经走过的路、做过的事。记得书中写过这样一段话："哈罗德又一次吃了一惊，原来只要知道寻找的是什么，就往往能从身边随手拈来。可以寻找到的并非只有那些花草树木与各种食物，过去发生的一切，都能在回忆中找到钥匙。原来很多伤痛与遗憾，并不是根本无法弥补。让他一直痛苦的，恰恰是他在面临不幸的时候闭起了双眼，站在原地没有行动。如果生命能够重来，他也许会做得更好一些。"

这场徒步旅行使哈罗德从过去平淡无奇、一潭死水的生活中跳脱出来，使他突然发现了一个新的世界——那是他内心一直都有的丰盈的情感，以及原始的生命活力。当初的他正是因为带着这如同光芒般的活力在舞池中舞动，吸引了他美丽的妻子莫琳，但后来因为幼年家庭的不幸，结婚后孩子的意外去世，以及不能打开心扉表达感情的心理障碍，他与妻子渐行渐远，这些活力也因此被痛苦与自责封存了二十多年。当书读完,我不禁感叹旅行的魔力之大。它让一个人打开了自己的心扉,它让一个人找到了那个真实的自己。

旅行可以是一个人在路上走走停停,遇见各种各样有趣的人,看各种各样美丽的风景。旅行可以是一家人一起出去,去享受一段美好的家庭时光。旅行也可以是约上朋友,去探寻各地的美食,去寻找独特的风景。旅行的方式有多种多样,但最重要的是你需要怀着一颗探索的心去旅行。你要相信在旅行的过程中你一定会发现你内心深处那个最真实的自己。

旅行不仅是一种享受,更是一种修行。也许在旅行中你会遇到各种各样的困难,在战胜困难的时候,便是激发你自身潜能的时候。旅途中的所见所闻会增加你的阅历,丰富你的见识,同时也在慢慢改变你的内心。

日常的生活也许已经让你觉得迷失了自我,已经让你觉得太过平淡乏味。这时何不来一场说走就走的旅行,去探寻一个新的世界,去寻找那个真实的自己? 大自然是无私的,它不仅赠予了我们食物,还赠予我们沿路美丽的风景。在旅行的过程中,你会遇见形形色色的人,听他们讲述属于他们的故事。在听他人述说时你不难发觉,在某些故事的主人公身上你会发现自己的影子,这或许能让你重拾信心,重新读懂你的内心世界。旅行并不仅仅是对身体的一种考验,更是对灵魂的洗礼与升华。

朋友啊,请背上行囊,带上一颗好奇心,踏上属于你的心灵之旅,去发现那个内心深处真实的自己吧!

五、充实，所以精彩

充实是人生最高的境界，它把生命看成是人生的美好过程，努力让你每一天变得充实，这样你的人生便会更加精彩。每天忙忙碌碌，你是否问过自己："我的生活每天都过得充实吗？我有精彩地过好每一天吗？"生活每天都在继续，社会的节奏也在加快，很多人都是为了生活而生活，却很少有人是为了自己而活，也很少有人能真正地明白生活的意义。人生不应该一直都平平淡淡的，而应丰富多彩，你要相信只要你充实而认真地过好每一天，你的人生将过得精彩而绚烂。

第一，你需要让自己对新鲜的事物一直保持着一颗好奇心，对新的一天一直保持着一颗憧憬的心。你可以多培养自己的兴趣爱好，多去尝试一些新鲜的事物。比如，一个星期的工作、学习总会让人特别疲惫，周末时也许你会有比在家宅一整天更好的选择，你可以报一些兴趣班，插花、瑜伽、绘画、料理等，都是特别好的选择。这些兴趣班不仅可以丰富你的周末生活，还可以提升你自身的内涵。插花可以让你对颜色的搭配更加敏感；瑜伽可以让你的身体更加健康，也可以提升你自身的气质；料理可以让你对事物和味道更加敏感，同时也让你掌握了一项技能。这样会让你的假期生活不再那么单一，而是变得丰富多彩。培养你自身的兴趣爱好，不仅仅可以让你对生活充满新鲜感，还可以在不知不觉中让你自身得到充实。

　　第二，你要学会挑战自己。你要知道人生就是一个不断挑战的过程。如果你的人生一直都是平平淡淡的，那你的生活便注定缺少精彩的气息。人生就好像爬山，你只有不断地挑战自己，不断地往上爬，你才能看到山顶更加美丽的风景。你可以选择去跑一次马拉松，体验一下挥汗如雨的感觉，感受一下生命的韵律，挑战一次自身的耐力。你可以选择一个假期去西藏看看，去感受大自然真正的奇迹，去与高原反应做抗争，挑战一下自己身体的极限。你也可以去做一件自己从来都不敢尝试的事。也许过程有些艰难，也许你需要付出许许多多的努力，也许你不一定会做得特别成功。但至少你勇于挑战自己，至少你在成长。无论结果是成功还是失败，至少你收获了属于自己的经验与成长。

　　第三，每天一定要抽时间看书。古人云："书中自有黄金屋，书中自有颜如玉。"高尔基也曾说过："书籍是人类进步的阶梯。"阅读不仅可以使你的内涵得以提升，还可以使你视野更加开阔。在阅读的过程中，你可以更加深刻地了解和认识自己。但你需要注意的是不可以盲目地去阅读，应该有选择性地去读适合自己的书。工作了一天后，你回到家，洗完澡，靠在窗边，沏一壶香茗，在茶香的氤氲中轻轻地打开书卷，让一个个灵动的文字跳进眼眸，拨动心弦，让你疲倦的心灵和身体接受文学的洗礼。毕淑敏曾说过："书是一座快乐的富矿，储存了大量浓缩的欢愉因子。当你静夜抚卷的时候，那些因子如同香氛蒸腾，迷住了你的双眼，你眉飞色舞，中了蛊似的笑起来，独享其乐。"阅读不仅可以愉悦你的心情，还可以让你感知生活中万千事物的美好。所以请每天挤一点点时间阅读，让文字充实你的生活。

　　第四，每天拥有一个良好的心态。每天早晨起床洗漱完毕之后，不要忘记对着镜子里的自己微笑，并在心里告诉自己："你要乐观地面对生活中的人和事。"其实，每天拥有良好的心态是十分重要的。虽然在生活中你不免会遇到不顺利、不开心的事，也许你会多多少少产生一些负能量，但你要学会调节好自己的心情，将负能量转化为正能量，以良好的心态去面对那些困难。你要知道每个充满正能量的人是自带光芒的，是可以给别人带来温暖的。当你每天都拥有了一个良好的心态，你会发现你每天的生活都会非常充实、精彩，充满阳光。所以请保持一个良好的心态，让你的人生变得更加精彩、充实。

小塞涅卡曾说过："内容充实的生命就是长久的生命。我们要以行为而不是以时间来衡量生命。"生命的意义不在于它在这世上生活了多长时间，而在于它活得是否充实，是否有意义。请充实你的内心，充实你的灵魂，让你每天都过得精彩而意义非凡。

生活之初犹如"0"，它是空虚的，它又是饱满的。空虚的人不思进取，无所事事，一生空乏虚无。而饱满的人充盈自己，充实生活，一生饱满多彩。行动起来吧！让生活由空虚变为饱满，让空白的生命开始有绚烂的色彩，让平凡的生活由此变得精彩。

六、聆听生活的妙音

世界的妙音,要用耳朵去聆听;心灵的美好,要用耳朵去倾听;人生的精彩,要用耳朵去旁听。要知道生活处处都有动听的妙音。聆听,从天籁之音中感悟生活的态度,坦然处之,顺其自然。但凡要来的且让它来,坦然面对,随性而过。

大家总说眼睛是心灵的窗户,殊不知耳朵便能聆听整个世界。人与人生活在同一个世界上,需要沟通、交流、协作、共事。人与人之间的交际是一件让人觉得十分复杂的事,我们更需要的往往不是口腹之欲,而是学会聆听,善于倾听。这不仅是理解他人、尊重他人的一种表现,更是提升自我的良方、调和人际关系的润滑剂。

聆听能让我们的心灵变得充实,生活变得丰富,也能让我们的胸怀变得宽广。也许我们时常抱怨生活的不如意,抱怨人心的复杂,其实生活处处都有美好的事物,处处都有妙音,只是我们不愿意用耳朵去聆听生活中那些美好的音符——春花绽放时的窃窃私语,溪水潺潺的欢唱,父母的叮咛,爱人的蜜语,朋友的关心,他人的赞誉等。生活中处处都有妙音,亲爱的朋友请你细细聆听生活的美好。

母亲有一位要好的朋友王阿姨,她在我的心里一直是一个有气质也十分爱美的女人,她总爱穿裙子,每天换着花样盘头发。而就是这样一个美丽而有气质的女人却在前年查出得了癌症。病魔对她的打击已经很大了，然而化疗引起的脱发让这个十分爱美的女人接近崩溃。记得有一次我跟母亲去医院看望她，走进病房，看见床上那个面色憔悴、头发几乎掉光的瘦小女人，我有些吃惊，甚至难以置信，一个曾经风韵无限的女人现在却是这般模样。

做完手术的她在医院留院观察，她跟我母亲说："医生说了，我这个病，就算动了手术以后还是有病发的可能。跟我同病房的一个女人，前两天还好好的，没想到昨天突然发病，推进手术室就再没出来。我现在感到绝望，我就想一直躺在床上等死。"听了王阿姨的话，母亲不免感到心痛，也劝她不要这么悲观。就在去年母亲在微信朋友圈里看到王阿姨发了她和她的爱人出去旅游的照片，照片上的她跟那次在医院见到的她，已经是判若两人。照片上的王阿姨笑得很开心，脸上的气色看起来很好。母亲后来才知道王阿姨出院后，她的儿子和爱人极力劝她出去旅游，去看看大自然的风光。在家人的鼓励下，她跟爱人踏上了旅途。后来母亲跟她打电话，她告诉母亲："原来住院的时候，在医院看到那么多人被病魔夺去生命，我觉得那时已经丧失了生的希望。后来出去旅行，看到美丽的风景，看到世界的美好，聆听到大自然的美妙，聆听到生活的美妙，心态也渐渐变好。"

还记得在最后王阿姨说的那句话："原来我太执迷于病痛的悲观世界，导致我捂住了自己耳朵，现在我发现生活并非全是黑暗，只是我没有用心去聆听生活的妙音，我还有家人和朋友，还有许多没有看过的美丽风景，我还会继续用心去聆听这个世界。"其实只要有一双善于倾听的耳朵，生活自然处处都是妙音，处处都是幸福之声。

人生是丰富多彩的，但人生并不是一帆风顺的，你要知道上帝是公平的，他在给你病痛、困难、阻碍的同时，也赋予你许许多多美好的东西，而这便需要有一双能聆听美好事物的耳朵，来发现生活中的妙音。最近看了一部叫《深夜食堂》的电视剧，里面讲述了生活中许许多多的平凡的人，他们不幸或者幸运的充满回忆的小故事。还记得里面有这样一个女孩，她叫西西，她患有先天性心脏病，移植的心脏已到了使用的期限。这也意味着西西的生命将很快走到尽头。然而西西并没有悲观地哭泣，或是待在家里等待生命的终结。她乐观制定了愿望清单，而在完成愿望清单的第一项——驾驶跑车的时候，她遇到了同样患有绝症的少年里昂。里昂自称是公路上的流浪者，后脑有脑瘤手术留下的疤，他卖掉所有东西，骑着摩托车"闪电"一路流浪。当天晚上两人再次在深夜食堂相遇并结成了朋友，西西提议让里昂跟自己一起完成愿望清单。无所顾忌的里昂毫不犹豫地答应了。从深夜食堂出来，两个没有明天的人便开始完成愿望清单，西西的愿望是毫无顾忌地过一天，去海边肆无忌惮地玩，好好跟朋友道别，好好选择离开方式，好好地谈一场恋爱。

里昂带着西西去海滩玩了沙滩排球，西西不用戴口罩，不用小心翼翼地行动，玩得很尽兴。两人还去游乐场玩了刺激的项目。还记得西西和里昂坐在沙滩上看夕阳时，西西说过这样一句话："人终将离去，但当回到这个世界上的时候，看到的还是同一个太阳，太阳依旧还是那么美丽。所以，从某种意义上来说，人从未消失。"每个人都有离去的那一天，你也许没有权利选择你什么时候离去，但你有权利选择该怎样过好余下的时光。故事的结尾西西和里昂相爱了，两人乘着飞机去看雪，就在下飞机的时候，西西的心脏撑不下去了，西西抓着里昂的衣领，说她好想和里昂一起去看雪，然后紧紧地闭上了眼。里昂也在秋季结束的最后一个星期六，进了医院，走向了生命尽头。很多人也许会惋惜，年轻的生命就这样走向了尽头。

但我却为他们而感到开心，因为他们快乐地度过了他们余下的时光，他们并没有因生命有限而感到失望、无助，而是以自己喜欢的方式去度过余生，去看美好的风景，去感受美好的事物，去聆听生活的妙音。而我们作为一个有着美好明天的人，还有什么权利去悲观地面对生活，去抱怨生活。其实生活处处都有妙音，生活一直都很美好，只是你没有细细去聆听。

每个人心底都有一汪清澈的清泉，它能抚平悲观的情绪，扫清虚荣的污垢，拂去内心的杂尘。用心去聆听这个世界的美好，你就会发现生活其实并没有那么多的纷扰，它也可以很宁静、很美好！

第二部分

爱人心中的人是你吗？

所谓的特立独行就是做自己

第四章

改变自己，勇敢地享受爱情

一、改变自己并不是伪装自己

爱情总是让人沉沦。徜徉在爱的世界里，我们沉醉，也容易失去自己，甚至感到自卑，然后伪装自己。最终醒来，才发觉，与真实的自己已告别太久，都已开始觉得陌生。一段完美的爱情，值得我们改变自己，但改变，只是加固那个真实的自我，而并非修饰或者隐藏。托尔斯泰说过："世界上有两种人，一种是行动者，一种是观望者。很多人都想着要改变世界，却从未想过改变自己。"

首先，我们要明白，改变是必要的。对于彼此来说，没有天生合适的两个人，但是会有愿意包容、愿意为对方改变的。平日里，无论是与普通的朋友，还是与至交好友，无论是与家族亲戚，还是与生活在一起许多年的父母，或深或浅的友情和亲情中，况且都会有不满，何况是两个完全不同的人要走到一起。一面之交也会有看不顺眼的地方，日子久了累积的不愉快就会更多。对于爱情这样从友情逐步上升到亲情的复杂的渐变体，更容易产生问题。尤其是最开始的甜蜜掩盖了一切琐碎的细节，所有的不愉快都模糊了边框。而当荷尔蒙激素的分泌恢复到正常水平，多巴胺也不再那么张狂——你恢复了平静，一切幻觉与假象都暴露出了它们本来的面目，你这才发现，"爱情不只有玫瑰花，还有不安和惩罚"，原来之前幻想太多。自己和对方不过也都是凡人，维持着一段平凡的感情，需要耐心和勇气，需要理解和包容，必要时候还需要改变自己来适应对方的小习惯。主动地去努力吧，赢得感情的最佳方式不是一味迎合，也不是等待与索取，做出改变，用实际行动来争取爱，收获爱。

其次，改变是一种有积极意义的活动，有别于伪装。收起自己易怒暴躁的脾气，凡事尽量冷静处置，这样的改变是一种成长。肆无忌惮的小孩子，长大后不一定都会变成世故的大人。改变也并非是单纯地压抑天性。知世故而不世故，也算得上是一个衡量的尺度。在自己心里明白，改变并非是迎合他人眼光，而是遇见更好的自己。悉心经营的更完美的自己，是用来过更美好生活和拥抱美好明天的。每一天我们都能发现新的自己，能发现周围那些之前从未在意的美好事物。对于那些恶毒的、曾经伤害过我们的人和事，也渐渐学会了原谅。据有关调查表明，凡是比较成功的人，都是勇于并善于改变自己的人。这些人胆量过人，对每一个机会都十分敏感，并紧抓不放。他们普遍具有超前意识，敢于改变现状，突破自己，也突破安逸的境况。爱情和婚姻如此，事业和财运如此，工作环境亦是如此。那些看似平稳安逸的生活，真的适合风华正茂、敢拼敢闯的你吗？安逸对于你来说是否是一颗慢性毒药，一点一点吞噬着你激情澎湃的心呢？时间从来不等人，年轻的时光短暂，在我们犹犹豫豫之间，流失了许多机会，一不小心就错过了我们最好的青春。王泓人也曾有一份稳定的工作，拿着并不低的收入。但她不安于这种平淡的生活，心中放不下一个梦，与同事商量很久后决定一起辞职去穷游。临出发前，犹豫不决的同事退缩了，于是她一人上路。只带了三千美金的她，本来只想去新疆和西藏，可是一路上的惊喜刺激和令人不可思议的事情持续不断。从南亚到中东再到非洲，她已走遍十几个国家。穷游一段时间后，她渐渐丰富了自己的阅历，打开了新世界的大门，也改变了看事物的眼光。后来，没有一同辞职去旅行的同事给她发消息，说羡慕她发的照片，后悔自己当初犹犹豫豫未能出发。再后来她出了自己的书《再不远行，就老了》，激励了无数安于现状的年轻人。她的勇气是可贵的，不是因为这份改变的勇气也许能改变世界，而是她不愿意被世界改变。

由内而外的改变才是真的改变。改变是为了自己，只有由内而外的改变才能使自己感到轻松自在。由内而外的改变，改变的是对这个世界的态度，和不知所以的观念。如果仅仅只是伪装自己，来达到别人的预期效果，那样的效用也只能是暂时的，虚无的。或许可以看到一时的效果，成功吸引了某些人的注意，或是让死心的人再次回心转意。但是很快就会被发现这不是一个真实的你自己。或许过不了多久，你会发现自己已经变成了连自己都无法接受的模样。况且真正愿意爱你原本模样的人也不会在意这层外壳。他们不会因为外在决定离开或是留下，爱或是不爱。

也许你的伪装是因为内心的脆弱而不敢示人，又或是种种缺点使得我们自卑。伪装让我们外表看上去没事的样子，但是失落和疼痛却要独自承受。

由此我们可以看出改变自己和伪装自己的区别。认清真实的自己，改变方可绝处逢生。改变是一剂良药，可以将种种不愉快统统消融。而伪装却是一剂毒药，折磨你也侵蚀你。

真正的改变需要从本质上改变，而不是为了顺从别人的想法，而从表面上改变自己用来伪装的那个真实的自己。一段感情所需要的并不是顺从、伪装，需要的是做自己，以及两个人之间的相互包容、相互理解。所以，愿你能勇敢地面对真正的你，愿你找到那个爱着真实的你的那个人，愿你找到属于你的感情，并守住那段感情。

二、沟通是为了彼此都真实

沟通一词在百度上的解释是人与人之间、人与群体之间思想与感情的传递和反馈的过程，以求思想达成一致和感情通畅。沟通在我们的日常交往中也十分重要，它能够使彼此明白对方所要表达的意思，能够起到传播信息、交流情感的作用，也能够使误会和见解得到消除。

《吕氏春秋》记载了这样一个故事：孔子带着学生周游列国，曾经因为兵荒马乱，一天三顿都以野菜充饥，孔子及众人都已经有七天没有吃到米饭。一天，颜回好不容易从外面讨到了一些大米。当饭快要煮熟的时候，孔子看见颜回抓了一把米饭往嘴里送。孔子假装没有看见，当然也没有去责备颜回。当饭煮好后，颜回请孔子去食用，孔子若有所思地说："我刚才梦见祖先来找我，要我把洁净的米饭送给他们以祭祀！"颜回顿时慌张了起来，说："不可以，这锅饭我已经吃过了一口，所以不能拿来祭祀祖先了。"孔子追问道："为什么？"颜回涨红了脸，说："因为刚才在煮饭的时候，掉落一点灰进去，弄脏了米饭，丢了觉得怪可惜的，所以我就抓来吃了，我不是故意把米饭吃了的。"孔子听了才恍然大悟，知道自己错怪了颜回。

这则故事告诉我们：不能只凭表象就乱下结论，要通过沟通才能了解彼此真正的想法。虽然孔子平时对颜回最信任，但仍然还是会怀疑，可见人的内心是复杂的。师徒关系如此，我们的爱情与婚姻亦如此。每一段值得传唱的佳话，都是在沟通的基础上形成的。情侣、夫妻之间的沟通都是为了能够更好地表达自己的愿望、想法，通过沟通能够使彼此更加真实，也能使彼此更加了解对方，以至于达到一个和谐融洽的关系，在这样良好的氛围中，才能够使彼此的关系更加长久。

近来看了毛路和赵珈禾写的《我们为什么会分手》一书。这是一本感情纪实书，两位作者在三年时间里，采访了 22 对分手恋人，选择了 15 对的故事，让男女双方分别回顾恋爱的过程，讲述了各自心中真实的分手理由。在这本书中大多数情侣分手的原因，都是因为缺乏坦诚和直接沟通，他们中的很多人都会选择迂回的试探与小心的揣测。

其中一个故事是，女方以独自租房太贵为理由，提出了同居的要求，其实是为了得到一个爱的证明，证明男友是爱她的，有和她结婚的打算。可是男方并不是这样理解的，他认为是这个女生只想图一个轻松，根本没有考虑过他的感受。因为从小被父母抛弃，他最大的幸福就是在劳碌的工作之后，回到家中享受一个人的宁静。可是最有意思的是，男方从来没有告诉女方自己的身世，女方也没有告诉男朋友，自己想和他结婚。

这本书中类似这样的事情还有好多，这些情侣彼此之间不说大白话，而是在玩"你猜呀，你猜呀"的游戏。彼此的试探和猜测是他们没有继续下去的原因，而最主要的是他们彼此缺乏真诚沟通，缺乏用沟通去表达自己内心最真实的想法。在恋爱之中我们需要积极沟通，坦诚地表达自己的想法和心意，因为只有彼此之间进行了沟通，给对方一个真实的自己，才能使彼此了解对方，使彼此的心灵更加靠近。

日本心理学家河合隼雄曾经说过："理解别人是豁出性命的工作。"理解是偶然的、相对的，需要彼此共同付出努力。人与人之间的理解是非常困难的，因为我们每一个人都是有差异的，这些差异包括我们的人生观、价值观、思维方式以及我们处理问题的方式。所以在与人相处的时候，如果没有沟通，不交流，是非常难理解对方的。更何况我们大部分人与恋人还有性别上的差异，所以如果真的没有沟通，不交流，我们真的难以通过对方的一个眼神或是一个动作，去理解他们要表达什么意思。因此我们必须要进行沟通与交流，懂得换位思考，这样才能展示给对方一个真实的自己，才能使彼此间客观存在的距离变近，也使彼此之间的心灵变得更近，如此才能走得更远。

很多时候，我们知道沟通是解决问题的最好方法，也知道沟通才能解决问题，可是我们还是不知道用怎样的方式去沟通。有人可能会说，沟通不就是靠说话去实现吗？可是沟通也有沟通的一套方法，如果你不知道如何沟通，说不定就不能使自己的想法被接受。只有真诚的沟通才能使彼此都真实，至真至纯。

当你们在恋爱过程中发生矛盾，你不是选择心平气和地去与他沟通，而是一直对他抱怨"你也不懂得关心我，都不帮我干点家务活"，那么可能对方不能及时理解你所要表达的意思，他可能还会去猜测你这句话的意思，这样的沟通显然是不能使彼此都真实。那怎样的沟通才能使彼此都真实呢？我想应当直截了当地表达你的意思，直接对他说"你去帮我把碗洗了，垃圾倒了"。当对方按照你的要求完成这项任务时，你不妨给对方一个吻或一个拥抱。这样的语言和身体的沟通才是真实有效的沟通，才能使彼此都真实。

心理咨询师曾奇峰在自己的一篇文章中写道：一个成熟的女人说，我用了婚姻中的15年时间，终于知道了，男人是不具备了解女人的能力的动物，如果你不说，他就不会知道，也不会做；所以我现在要什么，就直接、清楚、具体地告诉他，结果是他可以做得让我很满意。这虽然少了一些猜测的神秘与浪漫，但增加了很多理解与和谐。所以，女同胞们，要牢记《大话西游》中唐僧的教诲：你想要啊？你要是想要的话你就说话嘛，你不说我怎么知道你想要呢，虽然你很有诚意地看着我，可是你还是要跟我说你想要的。

　　沟通真的是一种重要的手段，在生活中它使有成见或者有矛盾的人能够化解他们之间的不和谐；在职场上它能使各个部门更好地协调工作；在情侣间它能够使他们减少试探与猜测，增加心灵的沟通，使他们彼此更真实地表现给对方，更加和谐地度过他们在一起的每一天。感情是这个世界上最难修的学科，但愿我们都能通过沟通，把最真实的自己展现给对方，同时希望我们也能珍惜那个把真实的自己展现在你面前的人。

三、动情的不是话语，而是眼神

眼睛是心灵的窗户，在生活中许许多多的眼神十分动人，如母亲看到自己孩子时慈爱的目光，与久别亲人相见时感动的目光，还有两个相爱的人看到彼此时深情的目光。爱情中的两个人会有许许多多的甜言蜜语、山盟海誓，但婚姻中的两人可能过着平淡且乏味的生活，所以在感情遇到问题时，真正能禁得住考验的并不是那些甜言蜜语，而是两个人之间是否真的相爱。我一直相信"一见钟情"，因为我觉得两个人相爱就好像是一瞬间的事情。当对的两个人遇见了，眼神交汇碰撞出爱的火花，那么这两个人便真的相爱了。所以，我也一直认为，真正爱你的人，看见你、想到你的时候，他的眼神是最温柔的，也是最动人的。今天这篇文章只讨论爱情，不是因为亲情、友情的眼神不够动人，只是爱情是恒久的，然而属于爱情的眼神，又会改变。

多年以来，价值观一直标榜语言的力量，太多的人也把语言决定一切的想法奉为圭臬。这一切的原因只不过是语言可以锤炼，可以粉饰，甚至可以变得真实无比，但是在爱情中善于言辞的人，倘若真心，便是和睦，倘若假意，便是欺骗。然而欺骗，骗的过耳朵，骗不过潜意识，爱情都是敏感的，也是善变的。所以，如果只是一个善于言辞的无情者，请改变，然后再向下看。

　　人应该相信一见钟情么？这是无法解答的疑问。有的人一见钟情，有的人日久生情，没有对与错。曾经的所谓美文当中，经常出现一句话："喜欢即使堵住嘴，也会从眼睛里跑出来的。"熟悉影视剧和电影的人也会总结出这样的桥段，男女主人公擦肩而过，面部特写让观众就看得出爱情的火花。全程无言，只有眼睛有戏。这就是眼神对于爱情的力量。

　　倘若你是一个敏感的人，就能看得出来当一个人看着另一个人的时候，是否有爱情的光芒，当然这在自己的身上不适用，因为你也只会关注喜欢的人，当那个人与你对视的时候，你的眼神就会躲闪。或许这些不够动情，但一定能够说明眼神的意义。当你真正喜欢一个人的时候，你会发现这世界再大，但你的眼睛里却只容得下他或者她的身影。

　　眼神何以让人动情？拥有过一份美好的爱情的人，都可以回忆或者设想这个情节，当你爱的人在你身边，你又恰好搂着她的时候，她只需望你一眼，你会永远感觉那一双眼睛是泛着一层晶莹剔透的光的，那一刻你的爱人一定是温柔的。如果幸运，多年后你们还在一起，那这种眼神永远是不会腻的毒药；如果你们不幸分开，那么你只要回忆起来，就一定会动容，岁月模糊了脸庞，但你会永远记得那清澈的眼神。如果这还不够的话，那么如果你和你爱的人坐在月光下，她就在你面前，看着你，眼神永远那么清澈，你就知道其中一定有爱；当你自己想到是什么让你冲动而大胆地吻过去的时候，永远忘不了的，还是眼神。因为眼睛是心灵的窗户，一个眼神的交汇就好像是心与心的交汇。

　　有一位朋友，跟爱人分手了一年，难以忘却。有一次他坐在酒吧，聊到爱情，他的眼睛中依然可以看到那种难以言表的悲伤。他一口气喝下了一瓶科罗娜，转过头看了我一眼，在他的眼中我看到了那份爱情的珍贵，看到了他对那份爱情的不舍，虽然他的眼睛里没有泪，我却能看到他与她曾经是多么的相爱。我问他："既然到现在都难以忘记，为什么当初要分手?"他摇了摇头说:"我原本以为分手后我可以很快走出来,但其实我后来找的女孩都再也没有她给我的那种感觉,眼睛一亮的感觉。"其实,我能理解他的那种感觉,当一个人真的爱一个人很深的话,就会发现就算两个人终究没能走到一起,但在他的眼中她已经变成了无可替代的那个人。

如果一个人足够细心,就能发现当另一个人打动你,他的眼睛会有一种变沉的错觉,相信这时他的眼里一定饱含深情。这个时候,不能说爱,但一定有了难以表达的感情。如果这个感觉还不够明显,那么当你目送一个再也不会回头的爱人的时候,你会知道眼神的聚焦是怎样的,那种不可形容的痛,会让看到的路人情不自禁向你望着的方向瞥去。

剩下的部分,想跟有过上述经历的人讨论,当有过上述的最后的目送之后,大概很久眼睛不会再那么活跃了,眼神都会变得理性起来,这个时候,情就不再传递了。这双眼睛,也不会那么敏感地看到感情的光芒了,人也就不再那么容易动情了。因为接受和释放感情的闸口没有了,只有想起过去的美好,眼神才会重新感性起来,但不会重新聚焦了,似乎看的是远方,回忆的是曾经。

属于爱情的眼神,会变的,如果爱情夭折,那么眼神就会涣散;如果爱情随着岁月积累,那么眼神就变得越来越平静、温柔。可能那清澈的光芒渐渐暗淡,但是属于爱情的眼睛中不再只是美好,还多了包容。当那份包容建立起来的时候,四目之间的对视,甚至会有了内容,那就是人们常说的默契吧。那个时候每一个眼神的交流都是动情的,只不过那时候的情,更加适合后代来描写属于父母的升华的爱情。

人最大胆的表白不是当面说我喜欢你,而是看着你爱的人的时候,眼睛不会躲闪,如果敢于盯着你爱的人的眼睛一直看,那么你不需要表白,一切的小心思,眼神里都有。如果你爱的人接受了这份安静的对视,或许一份美好的感情就开始了。

所以，要改变，别再坚守着没日没夜的聊天，最后鼓起勇气说一声喜欢你。永远不要忘记，全身上下，最会撩人的就是眼睛，它们有着至真至深的打动人的力量。要享受一份爱情，就不要忘记眼神，不要吝啬用你的眼神肯定爱人，展示自己的温柔，也不要对他人的眼神视而不见。

所谓爱情，眉目传情。眼神的交流，即是灵魂的对话。

四、谁说感情里需要誓言

在一段感情里，誓言只是心的一种包装纸，不管它多么灿烂，在时间面前都是毫无意义的，是经不住考验的。如果说誓言能产生束缚，那也是脆弱无力的。当一段感情走向了尽头，誓言什么的也变得一文不值。所以你要明白最好的爱情就是让它自然而然地发生，真正的爱情不需要用誓言来保障。

爱情不会永远浪漫，终会化为现实的简单而平凡，就如一日三餐的无限循环。不离不弃只需要情感，而不需要誓言。一个人一旦走进了婚姻的殿堂，她便需要明白婚姻是不能用幼稚的誓言来保障的。你不能再天真地相信那些从前的誓言，你更需要的是不断地完善自己，改变自己，让自己真正学会去维护一段感情。而要维护好你的婚姻和家庭，只需要做好两点：

第一，通情达理。在感情里你首先就是要做到通情达理，善解人意。在长期的家庭生活中，吸引对方持续爱情的最终力量，可能不是美貌，不是浪漫，而是一个人性格的明亮，这种明亮的底蕴在于一个女人适当的而有底线的宽容。家是讲情的乐园，而不是讲理的法庭。结婚以后，从浪漫的情怀转入了每天柴米油盐、锅碗瓢盆的进行曲中，很多女人都在这些琐碎的小事中挣扎，而且要面对生活习惯、脾气性格、兴趣爱好的不同，如果过于计较挑剔，非得把对方改成符合自己的标准，就会令对方产生不满和反感。通情达理，不是简单的对与错，而是承认生活是有游戏规则的，懂得并且愿意遵守。一个朋友跟喜欢了十年在一起八年的女孩分手，理由很简单，不懂事。他说平时在他面前任性也就算了，但是前几天，他的妈妈因病住院，女孩也去探望，结果因为一条所谓的"暧昧短信"，女孩在他妈妈病床边又吵又闹。把她从病房里硬拉出来以后的第二天他们就分手了。朋友说："她连最基本的通情达理和对人的尊重都没有，一切都回不去了。"正如袁立所说，通情达理是一个人最大的魅力所在。做一个通情达理的人，跟通情达理的人在一起很多事情都变得简单了。一个学姐结婚之后一直跟婆婆住在一起。学姐说，之前总是听别人说婆媳关系不好处。但是当她结婚后每当自己和婆婆在某些问题上出现分歧的时候，她们并没有一味地固执己见，而是把自己的想法说出来，然后讨论一个万全之策。她还说当一个通情达理的人遇见另一个通情达理的人，矛盾就没有立足之地了。无论在生活中、工作中，还是在婚姻中，通情达理，无疑是解决矛盾的基础。因为跟通情达理的人相处，不需要太多解释，只需要懂得遵守生活最基本的规则——你对世界微笑，世界也必然报之以歌。

第二，自信乐观和经济上的相对独立。自信乐观是一种魅力，如果自己都不认可自己，又怎能得到别人的认可，如果连你都不爱你自己，又怎能要求别人去爱你呢？女人的乐观自信不仅建立在外表上，而且还需要内涵、修养、品德的映衬。同时，经济上不能堂而皇之地把另一半当成自己的长期取款机，一旦在经济上完全依赖于另一半，婚姻就容易变味。

一个女人可以赚钱不多，但一定要能够自食其力。最近热播的电视剧《我的前半生》里面的女主人公全职太太罗子君就是一个十分鲜活的例子。罗子君和陈俊生在一起生活了十五年，罗子君一毕业就结婚生子，在家做了十几年的全职太太。作为家庭主妇的她只在乎自己的打扮和保养，每天的工作就是照看孩子，做做 SPA，家里都有保姆照料着，自己什么事都不需要操心。因为无所事事，所以内心害怕失去，她以为男人抛弃妻子的理由只可能是为美色所动，她觉得小三凌灵又老又丑，离婚还带着个孩子，陈俊生怎么可能看得上她？她并不知道凌灵首先在经济上十分独立，其次她十分善解人意，时时刻刻都为陈俊生着想。而罗子君一直对老公当初那句承诺"我养你"坚信不疑，她不相信陈俊生会那样无情。

而当残酷的现实真正来临的时候，罗子君委屈地哭诉着："是陈俊生把我娶回家，是他叫我不要工作的，是他许诺我一个完美幸福的人生。他说他要养我的，这个家就是我的工作。"其实，做全职太太并没有错，那样确实可以更好地照顾家，更好地陪孩子和爱人，但作为一个女人你要明白在一段婚姻里更应该独立成长，活出自我。千万不要等失去了才明白，自信与独立对一个人来说有多么重要。这时候罗子君才明白正如唐晶所说的那样："婚姻里进步快的那个人，总会甩掉那个原地踏步的人，因为人的本能，是希望更多地探求生活的外延和内涵。"所以，在婚姻里没有所谓的誓言是可以相信的，不要对男人的那句"我养你一辈子"深信不疑。要明白一个没有自我和独立人格的女人，在婚姻里是没有地位可言的。

婚姻是美好的，也是残酷的，它不会像爱情那样一直充满美好和浪漫。在感情上，誓言是不可能一直作为爱情的保证书的。你需要学会在现实而依然有规律可循的成人世界里，用跟年龄相匹配的自信、独立、通情达理，架构自己的生活圈，维护自己的婚姻和感情，丰盈自己的人生。所以请撕碎那些所谓的誓言，忘掉那些经不起时间考验的甜言蜜语，用更加乐观、自信、强大的内心去面对爱情路上的艰难险阻。

　　不要在婚姻失败时，总拿誓言当你的救命草，你要知道在婚姻面前誓言就像纸糊的窗户，被风一吹就会破，是经不住考验的。唯有稳固的情感，唯有两个人的心中都装着彼此，才可以经得住时间和困难的考验。感情世界是不需要誓言的，需要的是爱、包容与信任。

五、梦想，让你光彩夺目

美国前总统威尔逊说过："人类因梦想而伟大。"其实我还想说："女人也会因梦想而光彩夺目。"当你还是个小女孩的时候，也许你的梦想是成为童话中的公主，或是拥有许许多多的洋娃娃；当你是少女的时候，也许你的梦想是谈一场轰轰烈烈的恋爱，或者是希望自己永远年轻，青春永驻；当你步入婚姻的殿堂的时候，也许你的梦想是希望家庭和睦，婚姻幸福。无论你的梦想是什么，但作为一个女人你要知道，无论在什么时候都一定要心存梦想，不要考虑能不能实现，至少心存梦想可以让你对生活一直充满希望和动力。心存梦想的女人就好像是一颗被打磨过的钻石，会变得更加光彩夺目。

"铁娘子"撒切尔夫人很早以前就有一个梦想，她希望有朝一日能够成为首相，然而当时一说出来就遭到了所有人的嘲笑，他们觉得撒切尔简直是异想天开，然而她并没有因为别人的嘲笑而放弃梦想。她从七岁就开始看人物传记、历史和政治书籍，一直努力地为自己的梦想奋斗，结果证明她并不是异想天开，她成功竞选为英国首相并且连任四届，成了丘吉尔之后英国最出色的首相。著名的脱口秀女王奥普拉曾说过："一个人可以清贫、困顿、低微，但是不可以没有梦想。"奥普拉曾经是一个问题少女，但无意中她发现自己拥有语言表达的天赋，她梦想成为一个著名的主持人。黑人小女孩奥普拉出生在又脏又偏僻的农场里，从小被人歧视的她在贫民窟里受尽屈辱，年少时一直在外面厮混、酗酒、抽烟、自暴自弃。就在她陷入深渊的时候，父亲告诉她："有些人让事情发生，有些人看着事情发生，有些人却连发生了什么事情都不知道。"这句话点醒了奥普拉的内心，她开始心怀着成为主持人的梦想发奋学习。她不仅拿到了田纳西大学的全额奖学金，还在十八岁那年一举摘得"田纳西黑人小姐"的桂冠。1976 年她从田纳西大学毕业，由于出色的成绩而顺利成为 WTZ 电视台巴尔的摩驻地记者和主持人。最终她一步一步地实现了自己的梦想，成为美国著名的脱口秀主持人。无论是撒切尔还是奥普拉，她们能成为成功的女人，不仅仅是因为她们睿智而努力，更多的是因为她们心怀梦想，是梦想让她们的人生变得光彩夺目。

毫不避讳地说，作为一个女人，家庭、孩子、爱人固然重要，但他们并不是你放弃梦想的理由。当你每天所想的只是如何安心地过日子，如何维护家庭的和睦，你每天在意的只是超市什么时候开始打折，什么时候你可以在专卖店买到物超所值的衣服、化妆品，这个时候你身上曾经的那些光芒和魅力就在不经意间渐渐从你身上消逝。所以你要明白，你的魅力保鲜剂不仅仅只有那些漂亮的衣服和昂贵的化妆品，梦想会使每一个女人重新变得魅力四射、光彩夺目。

大学时的好友小 G 学的是服装设计专业，她从小便酷爱画画，梦想着成为一名成功的服装设计师。毕业后在设计公司工作了三年，她认识了现在的老公小刘。小刘是某公司的高管，不仅人长得帅，收入也十分不错。两人很快结了婚，有了孩子以后，小 G 的老公就让她辞掉工作在家里做全职太太，让我没有想到的是她真的就这样放弃了她一直以来的梦想，回家做了全职太太。每天她在家里为家庭、孩子而操劳，这让她开始变得爱猜疑，没有安全感。再一次见到她的时候觉得她好像变了，不再是从前那个充满活力、带着光芒的女孩。她现在只是一个满身疲惫的家庭主妇。她跟我说，她都觉得自己现在好像越活越不像自己，越来越没有自信，越来越爱猜疑老公是不是不爱自己了，老是因为一些琐事和老公吵架。她觉得现在好累。我劝她还是回去工作，也许既工作又照顾家庭会有些累，但至少她每天会过得比较充实，会感觉到生活的意义。两个月后，小 G 打电话告诉我她回到以前的公司工作，刚开始有点累，因为每天工作家庭要兼顾，但她现在干的是自己喜欢的事，她觉得每天都活得很有意义，每天都充满动力。一年后听说她在网上开了一家店，卖她自己原创设计的衣服。在她网店的首页上面看到这样一句话："女人因梦想而光彩夺目，我相信每个女人都梦想拥有一件能使自己光彩夺目的衣服。"看到这句话，我终于明白小 G 她终究还是找回了那件属于自己的梦想外衣，她找回了自己。

梦想对于一个女人是十分重要，它会让你的生活充满动力，它会让你再次找到生活的意义。如果你不甘心平庸地度过一生，如果你不甘心为了生活而生活，那就请你勇敢地追逐你的梦想。追逐梦想不一定就要站在生活的对立面。对于女人而言，只要你够勇敢，够有野心，心存梦想，并能平衡它与你的家庭的关系，那么你一样可以成功，一样可以赢得所有人的认可，一样可以让你的生活变得丰富而非凡。女人就好像是一颗未被打磨的钻石，如果想让她变得光彩夺目，不仅仅需要美丽的妆容、得体的衣服，更需要梦想的力量。当你心存梦想，你的内心会变得无比强大，你会变得更加自信，在你身上会看到属于你的独特的魅力和光芒，所以让梦想去点燃你的人生吧！让梦想的光芒装点你的内心吧！

请相信，地上的每一点亮光都是梦想照下来的，只要你心存梦想，只要你不放弃梦想，梦想终有一天会实现，终有一天会让你变得光彩夺目。

六、总有人会爱上独一无二的你

在如今这个物欲横流的俗世凡尘，似乎所有人都被同化了，人云亦云跟风潮侵蚀着真实的你。人们开始为适应这个社会而不断地改变自己，逐渐失去了初心。未来的某一天，当你再次站在镜子前，却已经认不出镜子里的自己，那该是件多么可怕的事情呀！

张爱玲曾经说过："我要你知道，在这个世界上总有一个人是等着你的，不管在什么时候，不管在什么地方，反正你知道，总有这么个人。"在爱情的世界里有的人是幸运的，她会早点遇见那个对的人，有的人却不那么幸运，一直在迷茫地等待着那个对的人。但无论你是幸运的还是不幸的，我都希望你不要因为某个人去过多地改变自己，去变得无比的卑微，变得不再像原本的自己。你要相信真正爱你的人，爱的是那个独一无二的你。

高中时候最好的朋友小 A，她长得不算漂亮，但给人的感觉温柔、舒服。她不算光彩夺目，但却是独一无二的。她在上高二的时候喜欢上了一个男孩子，那个男孩子身上总有种不羁的气质，篮球打得特别好，人缘也特别好，唯独对学习一点兴趣都没有。我们当时不明白为什么小 A 会喜欢这样一个男孩子，小 A 总是笑得特别开心地说："我就是喜欢他身上那种不羁的感觉。"也许每个人在年轻的时候都会特别疯狂地喜欢一个人吧！接下来，小A听说那个男生喜欢长相甜美，有一头卷卷的长发的女生。在短短的两个月里，小A再也不是那个清纯的女生，她背着父母拿零花钱去剪了刘海，烫了卷发，买了美瞳。当时我们都觉得小A已经不是那个真实的她了，她开始越来越在意自己的外表。有一天，小A鼓起勇气站在那个男生面前跟他告白，然而得到的回应是："不好意思，我不想谈恋爱。"最令小A伤心的是，在一个星期后的一个周末，她看见那个男生跟一个女生手牵手走在街上。小A从那天起像变了一个人一样，上课老走神，作业也经常不交，成绩也开始下降。出于对朋友的关心，我们几个朋友约她出来谈心，她说她不明白为什么自己变成那个男生喜欢的样子，但那个男生还是不喜欢她。我们告诉她，她现在这个样子已经不像她了，我们把她推到镜子前，当她看到现在的自己她都有点难以置信。从前那个乖巧清纯的她已不在，那些过于成熟的元素强加在她身上，不仅没让她变好看反而很奇怪。从那以后，小A把头发拉回了原来的直发，卸掉了那些不属于她的改变。大一时，听说了她谈恋爱的消息，都为她高兴，再次跟她聊起高中的事，她说："现在我明白了，原来不是所有的改变都一定是好的，对的人你们总会遇见，只是时间问题，真正爱你的人，爱的不是改变后的你，而是那个真实而独一无二的你。"听到小A的话我为她开心，因为她已经找到了那个她一直等待的人，那个爱着独一无二的她的人。

王尔德说过："做你自己，因为别人都有人做了。"做自己可以让你不断发现自己的闪光点，做自己可以让你轻松过自己的生活，而不是过别人的生活。就像张国荣的歌中唱的那样："我就是我，是颜色不一样的烟火。"我希望你可以一直保持一颗初心去生活，去等待那个对的人，不要因为任何人而改变那个独一无二的自己，不要因为任何人而否认那个独一无二的自己。

　　前段时间热播的《欢乐颂2》里面的关雎尔，她总觉得自己是22楼最普通的那个人，她总觉得自己需要一个改变，她总觉得错过赵医生的原因，不是自己跟赵医生不合适，是自己不够特别不够主动。她开始想摆脱"乖乖女"这个形象，于是去学跳肚皮舞，改变穿衣风格，但赵医生最终还是选择跟曲筱筱在一起。她有些失望，觉得自己太平凡太普通了，甚至都有些开始否定自己。直到她遇见了谢童，那个觉得她就是独一无二的关雎尔的人，那个看得见她所有好的人。我相信有很多女孩子跟关雎尔有同样的感受，自己从小听话懂事，品行优良，但为什么每次自己喜欢的人，却总不喜欢自己呢？是不是自己太普通了，是不是应该做一些改变。这么想你就错了，不是你自己太普通了，而是你还没有遇到那个人，那个可以看到你的美的人。就像关雎尔自己说的那样："赵医生再好，他看不见我的好，也不是那个我能喜欢的人。"所以不要轻易地质疑自己，不是你不够特别，不够吸引人注意，而是那个你等的人他还没有到。这个时候你要做的就是保持一颗平常心，去不断地放大你身上的优点，去不断完善你所拥有的闪光点，等待那个能发现你的美的人。

　　有人曾经说过："一个人如果连她自己都不爱，那还怎样奢求别人去爱她。"所以，从现在开始爱自己，做独一无二的自己。人总在变，有人选择为生活改变，有人选择改变生活。顺其自然地生活吧，该发生的总会发生。世界上没有完美的人和爱情，所以你追求的也不是完美的爱情，而是适合自己的爱情。总有一条路，通向彩虹脚下。每一个人都是独一无二的，你要找的就是那个喜爱并欣赏你独一无二的人。

　　上帝是公平的，在创造每个人的时候，总是分配得很均匀，没有十全十美的人，金无足赤人无完人。我们每个人就像大树上的每片叶子，它们的纹路各有不同，各有各的美，各有各的韵味。就像我们读《红楼梦》，一千个人对林妹妹有一千个不同的看法和想法，但曹雪芹笔下的林妹妹就只有一个，他没有去迎合谁而创作林妹妹，林妹妹在作品中是独一无二的，但读者偏偏就喜欢她，迎合别人的口味是永远迎合不完的。

就像李宫俊所说："做回自己，总有人会爱上你的全部。"记住不要去羡慕别人的美丽，总有人爱上你的善良，就像歌里所唱，每个女孩都拥有一双隐形的翅膀，每个女孩都有她自身的美，都散发着与众不同的魅力。

女孩要懂得自强，自强使女孩更高贵。唯有经济独立的女孩，才有可能得到男人真正的尊重；人格的独立在于经济的独立。男人不是你生活的全部，只是你生活的一部分，不管他的态度怎样，都要学会过自己的日子。女孩应有自己的事业和属于自己的一片天空，喜欢的东西自己努力去买，不要指望别人送。

自信靠自己，你会在自信中看到爱情之花的美好绽放。

作家周立波说："爱情如洞庭湖里的水浪，你要不控制它，它会淹没你的志向、事业、精力甚至生命，要是控制得当，不让它泛滥，你就会从它身上得到年年岁岁的丰收。"爱情要自信，不需要刻意讨好，一切关心都是自然流露；要自己先爱上自己，才值得对方对你的爱；如果连自己都没自信，那爱情的价值便也慢慢消失了。

第五章

放下自己，轻松地学会拥抱

一、不慌不忙中学会坚强

紫陌红尘，世间纷扰。人生漫漫，我们一路走，一路经历，一路感悟着人生风雨，新的、旧的、来的、去的，不断上演，也不断错过。深涉红尘，谁能没有悲欢离合；行走人间，谁不曾患得患失。在遇到困难、面对分离的时候，与其抱怨、悲伤，还不如把这些当作一种历练，在不慌不忙中学会坚强面对。

作为女人，在爱情和婚姻面前，没有人可以一直一帆风顺，没有人可以逃避现实。一个女人拥有一个坚强的内心是十分重要的。这样，即使你是一个人，即使你的生活、婚姻并不是那么一帆风顺，但你依旧可以活得很快乐、很精彩。面对伤害你的人，不要难过，也不要恨他，因为这些只会让你变得更加难过。你要学会微笑地面对他，给他一个灿烂的微笑，再转身离开。

对于背叛你的人，不要怪他，不要自责自己没能挽留他的心，不要听他的解释。不是你不够优秀，而是他不够配得上你。对于离开你的人，不要挽留，聪明的女人要学会放手，你也许给不了他要的幸福，但你起码可以成全他的追逐。你要记住在人生的任何时候，都不要惧怕重新开始，每个看似低的起点，都是通往更高峰的必经之路。让自己变得更平和、更坚强、更豁达一点，对于背叛、离开，你要学会宽容、接纳，并告诉自己："你要变得更坚强、更乐观、更优秀。

同时，就像我在前面说过的，作为女人更加重要的就是经济独立。女人的这双手虽小，虽然不能像一个男人那样担起一个家庭的责任，但一样可以做出成绩。当你在工作中取得成就，并享受成就之时，那时你会发现你已经变得很独立、很坚强。

人生所有的烦恼会或多或少地出现在你生活里，你要学会通过你的学识涵养理智冷静地处理这些难题。失去的东西，其实从未真正属于你，不必惋惜，潇洒一点。生活中无论有什么闪失、困难，不要抱怨，不要错怪别人，要在逆境中不断地磨炼自己，要从伤害中不断变得坚强。

内心独立而坚强的女人，在任何情况下都能够沉着冷静、自信满满。同时，女人更应该坚持自己内心的信念与理想，做到在为人处世时，能思想独立。女人要坚强，就应该相信自己，目标明确，独立自主。首先，你要学会自信，在这个处处充满竞争的社会，那种自怨自艾、柔弱无助、不够独立的女人已日渐失去市场。男人可以作为你的依靠，但他并不能主宰你的生活。女人要学会拯救自我和完善自我，这才能使你真正变得独立与坚强。

余秋雨的前妻李红，就是一个自信而坚强的女人。在余秋雨正处于低潮的时候，她不畏世俗的眼光，义无反顾地嫁给了他。1979 年，余秋雨和李红在相恋整整五年后，牵手走进了婚姻的殿堂。他们在大连路租了间小房子，没地方做饭，李红每天下班后就先回娘家吃饭，再带饭回去给余秋雨。虽然生活十分清苦，但两人依旧过得十分幸福。

1984 年，女儿降生了，家庭经济越发紧张起来。余秋雨被任命为副院长，后升为院长，但好景不长，余秋雨被查出患有肝炎。李红只好带着丈夫搬回娘家住，将女儿交给母亲照顾，然后在天井里搭了个五六平方米的小书房，让丈夫安心写作。

全家三口人的生活重担全压在了李红一个人身上，而余秋雨治病还要花钱。尽管李红在棉纺厂加班加点想多挣钱，但还是无法支撑家里的开支。一天晚上，李红痛苦地对余秋雨说："家里都快揭不开锅了，让我去深圳闯闯吧。"环顾贫寒的家，余秋雨陡生一种"百无一用是书生"的感慨，含泪答应了妻子的请求。1989 年 3 月，李红辞职后独自来到深圳。然而，找工作并没有想象中那么容易，她找了一个多月后，才在罗湖区一家服装厂找了份车工的活。

为了多赚钱，李红常常连午休都省了，拼命加班。有一次李红晕倒在车间里，工友将她送到医务室吊盐水，可她刚刚苏醒，就要爬起来去干活。工友生气地说："你要钱不要命了？"李红停止挣扎，躺在床上无声地流泪。

第一个月发工资，李红领到 640 元，比同组的其他工人高出了三分之一。她只给自己留了 40 元钱，其余的钱全部寄回家。有了李红每个月如期寄回的工资，全家人的生活终于有了保障，余秋雨的病情也得到了有效控制。全身心投入创作的余秋雨终于出版了他的第一部散文集《文化苦旅》，并一炮打响，奠定了他在中国文坛的地位。李红万万没有想到，就在她一心为家人打拼的时候，夫妻感情却出现了危机。

1992年春节前的一天，李红躺在深圳的出租屋里给余秋雨打电话，告诉他自己病了，春节不能回家了。李红原以为能听到丈夫体贴的话语，可话筒里却传来冷冷的声音："那你在深圳好好养身体，春节就不要回来了。"那一刻，李红呆了，体贴的丈夫怎么变成了这个样子？

春节到了，李红一点年货也没买，一个人躲在出租屋里，度过了她生平最冷清的春节。听着窗外不时传来的鞭炮声，想着远在上海的父母和女儿，她泪流满面……春节刚过，她就迫不及待地请假赶回上海探亲。

那天，李红在帮丈夫整理书桌时，突然发现稿子中夹着一封余秋雨写给安徽省黄梅戏剧团演员马兰的信。信中缠绵的情话让她顿时惊呆了，也一下子明白了丈夫冷淡自己的原因。自己为了这个家，拼命在外面打工赚钱，丈夫却爱上了别的女人。难道这就是当初那个声称这辈子只爱她一个人的丈夫吗？然而，善良的李红还是替丈夫着想——肯定是自己忙着赚钱，忽视了丈夫，他才一时糊涂做错了事，只要自己以后多体贴他，他一定会改过的。于是，李红小心翼翼地把信放回了原处。

几天后，李红若无其事地告别家人回到深圳，心里暗自期望丈夫能早日醒悟。谁知，她等来的竟是丈夫离婚的决定。那一刻，李红感觉整个天空都塌了：既然丈夫已经不爱她了，她还要这名不副实的婚姻干什么，不如干脆成全丈夫。

1992年7月，李红含泪在离婚协议书上签了字，8岁的女儿由她来抚养。面对善良的前妻，余秋雨落泪了，他愧疚地说："是我对不起你，以后孩子上学、成家等一切费用由我负责。你有事的话，也尽管来找我。"擦干眼泪李红带着伤悲去谋生。

　　强忍着离婚带来的伤痛,李红将女儿交给父母照看,再次踏上了开往深圳的列车。在深圳她打过小工,做过推销员,当过搬水工。但她从来没想过要放弃,即使在最困难的时候,她也没有想过找余秋雨要一分钱。

　　如今,李红早已脱离心酸的打工生活,在深圳有了自己的事业。回想自己一路艰辛走来,她深有感触地说:"人生有很多变数,如果我不离婚,世间只不过多了一个名人身后无足轻重的普通女人。是失败的婚姻成就了我,让我在困难的生活中找到了自身的价值。"

　　作为一个中年女子,李红在被婚姻抛弃后,没有哀怨和吵闹,或者悲观地活着,也没有想着依靠前夫给的生活费过日子,而是选择靠自己的双手,靠永不言败的勇气和坚持,走出低谷,迎来她生命中的第二个春天。生活的磨难不仅没有使她变得软弱,反而使她变得更加坚强。

　　生活是女人一生的第二导师,它不仅教会女人如何变得魅力四射,如何成功,它更教会了女人如何在不慌不忙中学会坚强,如何在逆境中活得更加精彩。

二、退让是为了住进你的心里

你还记得最初你是怎样爱上他的吗？张皓宸曾经说过一句话：他不是你喜欢的那种人，但是却是你喜欢的那个人。或许那个人不一定才华横溢，甚至也不能达到你从前设置的那些条条框框，但是没有办法，当他出现的那一刻，你就是那么毫无征兆地喜欢他。当别人问起，你为何会喜欢一个不满足你要求的人时，你会说："其实感觉对了，其他的真的就不是那么重要了。"你看爱情就是这样子的，毫不讲道理。

当然爱情也不是永远都合你的意，不是你想象中的样子，我们不是活在童话中的王子和公主，付出的爱都是那样的对等与纯粹。我们是活在这个现实社会的男男女女，我们的爱情除了彼此喜欢或者爱对方，还有一些不可避免的因素，例如生活、家庭等。

这些在现实生活中不可逃避的种种，是会造成我们的爱情或者婚姻不再那么对等，这就会导致两个人在他们的爱情或婚姻中有一个你退我进的现象。但是这也是爱情里或婚姻中不可避免的一个问题。但是我始终相信在两个人的相处之中，愿意退让的那个人，是为了能住进对方的心里。

爱情是一个很玄的东西，婚姻也是如此。两个人相处的酸甜苦辣，就如人饮水，冷暖自知。也许在别人看来你们的日子鸡飞狗跳，但是自己觉得幸福就好；也许在别人看来你们恩爱和谐，但也只有自己知道婚姻早已就是一副空壳，名存实亡。如果真的遇见对的那个人，在爱情里，我愿意退让。

我们单位里有一位大姐，她的性格十分要强，做事情比较利落，不管是在单位还是在家，她都是说了算的主儿。有一次我们去她家做客，她在厨房忙活着，她老公跑前跑后在打着下手，招呼我们。突然，不知道是菜没洗干净还是碗没洗干净，大姐不高兴了，一直小声嘀咕着，没给姐夫好脸色看。我想要是当时我们都不在，姐夫肯定少不了一顿臭骂。在别人家做客，面对这样的情况，大多数人都觉得有点尴尬，只好都装作什么也没有看见，继续自己的话题，聊着天。

谁知道就在这个时候，姐夫快走过去环着大姐的腰说："哎呀，我错了我错了，做点事儿也这么不小心、不仔细，你可别嫌弃我啊，下次我一定倍加仔细。"说完，还把头在大姐的肩上蹭了几蹭。大姐微微一怔，红着脸笑骂道："还不快去招呼客人，菜马上就好！"姐夫笑着走出来，一场尴尬的场面，就这样被化解了。

一直以来，我都听说大姐的命非常好，姐夫是一个特别宠她的人，今天这么一看来，果然是真爱啊。在这么多人面前，姐夫还能笑盈盈地给大姐认错，给她找台阶下，看得我又开始相信爱情了。如果换做是其他男人，可能已经吵起来了，就算在这么多人面前吵不起来，也不会给对方好脸色看吧，或许等人都离开了还会斗嘴。

过了一会儿，我也去厨房端菜，听到大姐对姐夫说："刚刚对不起啊，是我太着急了，才一直嘀咕的，你原谅我呗。"姐夫一脸宠溺地说："哎，就多大的事啊。朕，就赦免你了。"那一刻整个厨房温馨而美好，我端碗菜赶紧闪人，就怕打断了这份和谐。

其实爱情和婚姻真的特别简单，每天都是那点鸡毛蒜皮的小事儿。

我们很容易把喜欢和讨厌挂在嘴边，却常常忽略了还有"对不起"这个两个人相处的调和剂。我们都是有棱角的人，我们都想按照自己的脾气、想法生活，可是当两个人在一起生活的时候我们就要学会退让，学会克制自己的脾气和性格，也要包容对方的脾气与性格。倘若真的发生了争吵或者分歧，冷静下来，别忘了还有"对不起"。

张爱玲曾经说过，当爱上一个人的时候，可以从骨子里卑微到尘埃里。也许爱情里总有人为了对方失去自我，妥协退让。你看，爱情就是这样不讲道理。凡事都讲求一个适度，爱情和婚姻也是如此，倘若过分退让只会换来对方的无理取闹。在我看来，这样的退让是毫无意义的，这样的退让只会让两个彼此相爱的人越走越远，直至消失不见。

最近有一个男性朋友跟我诉苦，他说自己的女朋友实在是太不懂事，太不讲道理了。不，准确地说，是这个兄弟的前女友。上个周末是这个姑娘的生日，但是很不巧当时正赶上这个男生单位要年终考核，太忙，加了通宵班所以忘记了。第二天，姑娘打电话说："昨天是我生日。"男生这才想起，非常抱歉地说："亲爱的，对不起，我昨晚加了一晚上班，忘记了。真的对不起，你想要什么礼物，我今天买给你，我们今晚一起吃饭吧？我刚从单位出来，回家换件衣服就来接你好吗？"

姑娘听了这话，非但没有一点感动，反而大发雷霆："我不说你就想不起来是吧？我觉得你真的是不把我放在心上，我的生日你都会忘记。还有，礼物是惊喜，你问我要什么，那还有什么意义呢？"男孩继续道歉："对不起对不起，真的是我加班加糊涂了，这件事情真的是我错了，你怎么惩罚我都行。礼物我没来得及准备，所以就想问问你最想要什么，我来给你买单，你看可以吗？"女生听了这话不依不饶："我都说了！礼物不是我问你要什么你给我买什么！再说你连我的生日都忘了，你记得什么啊？你从来就没把我放在心上过。"

男生沉默了好久，说："我知道你很生气，我也道歉了，我是诚心想弥补的，可是你这样也不行那样也不行，你到底要怎么样啊？"女生听了这话更加生气："我想怎么样？明明是你的错，你还这样的态度，你是不想在一起了是不是？"男生听了这话也火冒三丈："对！我就是不想和你在一起了，分手！"就这样，两个人话赶话说到这里，明明很小的事情，却演变成了不得不分手的尴尬局面。

我觉得感情的破裂就在此，明明两个人都深爱着对方，可是他们在生气吵架的时候，当有一方开始退让的时候，给你台阶下的时候，我们就不应该再得寸进尺、无理取闹，如果这样的话，可能会让对方的好脾气消磨殆尽，以至于最后两个人都不肯退让一步，什么狠话都说，毫无顾忌地伤害着那个爱你的人。我们为什么会这样呢？为什么越是爱一个人，越是要出口伤人呢？

我不知道这对情侣会不会以后因为这件事后悔，倘若姑娘不那么无理取闹，为了爱情退让一步，多多理解这位男生，他们的结局会不会就不一样了呢？在爱情里很多人都愿意占领主导权，越是相爱的人，就越是不愿意在对方面前认输，可是你赢了你爱的人，可是又有谁在乎呢？或许你就那么在乎吗？在爱情里永远在上方？

其实在我看来，两个人在一起，面对柴米油盐、生活琐碎，吵架闹别扭是在所难免的。如果两个人真的愿意在一起，该退让的时候还是要退让，不该说的话还是该憋着。对爱的人退让，不是懦弱的表现，而是遵从自己内心的想法而已。倘若真的遇见了那个值得依靠的人，对他退让一下又如何，只要不要超越自己的底线，这样吵吵闹闹、长长久久的一生也挺好的。

所以，不管是在爱情中，还是在婚姻中，一定要少一些脾气，少一些较真，多一点宽容，多一些退让，你会发现其实两人相处并没有那么难。

对方惹你生气的那件事，或许一觉过后你们就忘了，而这些和好的前提是退让，不让矛盾激化。所以，爱情中相互退让才是感情最好的保鲜剂。面对爱情，我选择退让，退让是为了住进他的心里，因为他是我深爱之人。

三、 将就的不是婚姻，而是生活

"将就"一词，我相信大多数人都不陌生。顾漫的小说《何以笙箫默》中何以琛对他妹妹何以玫说过一段话："如果这个世界上曾经有那个人出现过，其他人都会成为将就，而我不愿意将就。"这段话让我感触颇深，一段爱情是不能够将就的，如果将就了那你就可能会有将就的婚姻，从而带来将就的生活。

两个人在一起，随着时间的流逝，会渐渐失去当初的那份热情，到头来你会发现爱情、婚姻在没有踏入生活以前，你真的不会觉得这是将就的感觉，等你真正过上了婚姻生活，你会发现，将就的还是生活。或许你们是家长朋友介绍的，但是真正答应在一起的是你，父母朋友不会逼你嫁给一个连话都懒得讲的人。当你嫁给他的那一刻，你一定觉得他能给你带来一定的幸福感。所以婚姻是没有将就的，而将就的是你日后的生活。

昨天我妹妹发来一段话：沫沫姐姐，我今年才二十一岁，爸妈就拼命催我结婚，妈妈天天在我耳边念叨，最近他们给我介绍了一个不错的男孩子，但是我对他真的没感觉，只是把他当成哥哥一般，你说我该听家里的安排，和他在一起一两年，然后结婚吗？可是我又很害怕，万一以后我真的遇见了自己喜欢的怎么办？

　　说实话，我也不知道该怎么回复她，她自从读完初中就没上学了，一直在外打工，父母不过是希望她能有一个好的人家罢了。可是转过头来想，这都什么年代了，难道我们的生命还是原来那样，身为女子就应该找个人家嫁了，从此过上生儿育女的生活吗？我们生来就是一个平凡的人，却得了一种不想将就的病。

　　提起不将就，我想起民国时期合肥四姐妹，即张元和、张允和、张兆和、张充和。世人大多知道的是著名作家沈从文的妻子张兆和，和诗人卞之琳钟情十年之久的张充和。可是大姐张元和与顾传玠的爱情也是被外人津津乐道的，也是我最喜欢的爱情故事。张元和是名门贵族、千金小姐，她留齐耳短发，相貌端庄美丽，从小便喜欢昆剧。在上海读大学的时候，她跟着朋友经常去看昆剧表演。此时的顾传玠已经是一个著名的昆曲演员了，他剑眉星目，长相脱俗，身形绰约，表演栩栩如生，赢得无数女孩子的尖叫，这其中就包括张元和还有她朋友。张元和是一个为爱奋不顾身的女孩子，每当顾传玠表演谢幕时，她便拿着鲜花去见他。一来二去之下，顾传玠觉得这个女孩子很有趣，便提出了交往的要求。在当时的社会情境下，名门闺秀与戏子之间被传出感情是让人无法理解的。戏子是社会职业中的低贱者，而张元和系出名门，有大好前程在等她，可是家人及其周遭朋友的劝说都是丝毫没有用的。家人很气愤，把她关禁闭，希望她能够冷静下来。这期间也给她介绍其他不错的男孩子，可是这个倔强的女孩子闭门不见。她用绝食来表达她内心的抗议。周遭的人都不理解，顾传玠到底有什么魅力能够让她如此倾心相待？我想这大概就是爱情的魔力。有时候，我们爱上一个人就是爱了，没有目的，只是喜欢他。一直到张元和三十岁的时候，她的二妹、三妹都已经嫁人了，她还在等着顾传玠。看到张元和如此，家人无奈终于妥协了。最终两人在一起了。

　　我想这就是爱情的不将就吧，从而才有婚姻的不将就。这真正体现了：富贵都如过眼云烟，唯有不将就的婚姻才弥足珍贵。

　　恬恬是我的闺蜜，她的朋友特别多，有一次接到她的电话，她心急如焚地对我说："沫沫，离婚手续都需要些什么？我一个同学准备离婚了。"

　　啥？当时我拿着手机是一脸的懵，一个刚结婚半年的24岁姑娘，就要离婚了？为什么？

　　"我同学本来就是在家长的介绍下结的婚，根本没认识多久，只是父母觉得好，觉得自己吃过的盐比女儿走过的路还要多。于是她就嫁了，原本以为这样就能过上幸福的生活，可是想不到两个人三观不合，一言不合就打架。更不可原谅的是怀孕期间，她老公出轨了，你说，这叫个什么事儿啊？赶紧让她脱离苦海吧。"

　　这大概就是将就的爱情形成将就的婚姻，凡事都将就，一辈子都别扭。很多女孩子都会在年龄这方面大有苦恼，认为年龄到了，就该匆匆找个男人去结婚，可是他们没有想过，如果一开始你找的男孩子根本不是你喜欢的类型，只是为了结婚而结婚，为了家人的意愿去结婚，那又有什么意义呢？过日子的毕竟是自己，别人是不能帮我们过日子的。如果因为别人的眼光和自己的年龄到了就着急把自己嫁出去，实在是不明智的抉择。单身，只是我们还没遇到合适的，不代表我们明天遇不到。可是着急结婚，遇到了一个不合适的人，婚后出轨，家庭暴力，那可是更糟心的事。单身，没嫁出去，只是担心罢了，日子还是会开开心心地过下去。可是一旦将就，找个不合适自己的人，势必会葬送自己的幸福，那种情况可是会更糟的。

　　可是后来听说恬恬的这位同学并没有离婚，这是情理之中意料之外的吧。一个女人带着一个孩子，她还能再嫁一个好人吗？可能这种机会真的太渺小。这大概就是将就的生活吧，倘若恬恬的同学离婚了，她自己是孕妇，没有工作，没有积蓄，今后她拿什么来抚养她的孩子？或许不离婚，能有一个最基本的生活保障。这大概就是错过了好的爱情，错过了好的婚姻，她只能抓住这块充饥的面包。

所以想要不将就，就要提升自己，好好学习、好好工作。用自己的力量，在未来选择人生伴侣的时候，更能遵从自己的内心，而不是被父母逼婚，跟着一个三观不合、不爱自己、自己也不喜欢的男人。毕竟将就的爱情，还带来将就的婚姻，到时候就不得不面对将就的生活。我们还是想和自己喜欢的人谈恋爱、结婚、生活。所以不要放弃，好好地奋斗、努力，这一世唯有枕边人是不可将就的。

将就的爱情会让彼此劳累，将就的婚姻会让彼此委屈，而将就的生活让彼此麻木。你要明白你不害怕孤独，害怕的是将就的婚姻。不要为了害怕孤独而走向将就的婚姻，从此你便会发现你将就的不是婚姻，而是生活中大大小小的琐事和永远没有尽头的争吵与烦恼。所以，在生活和婚姻中都要坚持自己的原则，做到不将就。你要明白只有最适合你的生活、最适合你的人，才会让你有动力去奋斗和努力，你才会活得更加精彩。所以请做一个坚持自己原则的人，请做一个不将就的人。

四、软弱就一定受伤吗

在婚姻的世界里，没有对与错，只有相互的理解与宽容。婚姻生活会存在许许多多的问题，生活的琐碎会在无形中激化两个人之间的矛盾，然而这个时候就需要夫妻双方的相互理解，而不是互相指责、互相伤害。很多人在婚姻中都希望自己可以处于掌控的地位，希望对方什么都迁就她，而其实她不知道婚姻并不像爱情，有那么多浪漫的甜言蜜语，婚姻更多的是对这段感情的考验。在婚姻里，女人有时要学会低头，要学会示弱，这不仅是一种聪明的选择，也会让你们双方的关系有很大的改变，所以软弱不一定会让你受伤，也许会让你有更多的收获。

在生活中，有许多原本美满的婚姻最终却走向了破裂，并不是他们不相爱，而是双方谁也不服谁，谁也不愿意低头。现代人，都希望自己能够"一赢再赢"，都希望自己能得到自己所应得的。可是婚姻并不是社会，婚姻讲的是情，要想在婚姻上获得成功就要采取"一输再输"的策略。要学会适时认输、恰当示弱，而不一味争赢，一味强势。

"关关雎鸠，在河之洲，窈窕淑女，君子好逑。"受传统文化的熏陶和影响，在情场上男人一般都愿意跟美丽的女人过招，但在娶妻这个关键问题上普遍还是对温柔且善解人意的窈窕淑女一往情深。在男人的心目中，淑女一般都有着良好的家教和美好的贤德，通情达理，不强势，容易让自己掌握家庭的主导权。而且，一旦情投意合、两情相悦，日子自然会过得舒心和惬意，可是有些淑女们却很难得到一个"好"丈夫！社会上，大多数男人都好面子、争强好胜，从来都不愿意主动认输。在他们眼中，"认输"就是"软弱和妥协"，是一种软弱和无能的表现。

在婚姻生活中，这种态度会体现得淋漓尽致。可是，家庭婚姻中认输与妥协同样也是一门艺术，美满的婚姻往往存在于那些懂得和擅长把握"输"的技巧的人。两个原本陌生的男女，生活背景不同，生长环境不同，兴趣爱好不同，教育子女方法不同，亲友关系不同，投资理财等方面也会有不同的认识，走到一起哪能不发生碰撞？但是，作为妻子端着架子，互不相容，过于强势，无异于火上浇油。这时候，问题的关键并不在于具体的事件，而在于你是不是真的爱他，你被尊重被关爱的程度如何？婚姻不是讲理的地方，而是讲爱的地方，在经营婚姻的时候，一定要学会退让。

当双方意见相左、发生冲突的时候，作为妻子、作为聪慧的女人一般都会勇敢认输，会适时满足一下男人那小小的虚荣心，会适时维护一下男人的面子，崇拜一下男人，用仰视的眼光去看他。这样也许他会在你任性的时候更加包容你，在你受伤时，更加爱护你、关心你。

大学的时候认识了一个学姐，她是我们学校学生会的会长。她虽然外貌平平，但成绩优异，在人际交往方面也十分出色，但唯一不足的是她是一个实实在在的女强人。她的控制欲特别强，每次学生会搞活动她总是喜欢把所有事都揽在自己身上。大学毕业以后，听说她找了一份体面的工作，不久又听说她结婚了，找了跟她同一个单位的男生，那个男生虽然学历、职位都没她高，但他不仅人长得帅而且特别有上进心，对她也特别好。我们都为她开心。记得在去年的同学聚会上，学姐带着他的老公来赴约，她跟她老公看起来十分恩爱，大家都聊得特别开心，也喝了一点酒。聚会结束时，学姐跟她老公不知什么原因在餐馆门口吵了起来。

大家都上来询问原因和劝架，后来才知道在聚会结束以后，当他们走到外面准备打车回去的时候，她老公突然接到了一个电话，学姐听到电话里好像是个女孩子的声音，她老公还笑着一直说："好的，好的，一定。"学姐就质问他是谁，他说是学姐不认识的公司合作商。

学姐不相信，说她怎么不知道公司的哪个合作商是女的。非要他把电话再打过去证明。当时大家都劝学姐，这天也不早了，明天再打电话确认也可以，也劝她要相信她老公。结果没有想到学姐一意孤行，就是不听劝，还一直说："你就是心里有鬼，你就是不敢证明。"还想要抢她老公的手机，她老公也一直安慰她说不要在这闹了，回家再打电话。但学姐依旧不依不饶："你就是要现在当着大家的面证明。"结果她老公丢下了一句："你太任性，太不可理喻了!"便走了，我们不知是因为他们本来就有矛盾，还是她老公觉得她让他太丢面子而产生了这样一个结果。

那天晚上我们陪着学姐打的回了家，在路上学姐哭着说："其实我们并没有表面上的那么恩爱，我特别没有安全感，老担心他会喜欢上别的女人，我承认我平时是强势了一点，但那也是因为我太爱他了呀!他人又好，长得也帅，我都难以想象，公司上上下下有多少女人盯着他。而且最近跟他谈合同的合作商我又不是不知道，根本不是女的。他为什么要骗我。"我们当时都在车上劝她："就算他不该骗你，但你当着那么多人的面质问他，这让他太没面子了，也许他有什么难言之隐，想回家跟你解释呢?"说到这学姐陷入了沉思。

每个人都需要面子，都希望自己的妻子温柔、通情达理。示弱并不意味着你屈服于他，也并不意味着你没有地位和尊严，这是一种聪明的做法，这证明你是一个理智而通情达理的女人。

而下面给大家讲的这个女人就比学姐要聪明多了。我的闺蜜小M，她在我心中一直是那种温柔善良、个性单纯的女生。她虽然长相一般，但她运气特别好。她嫁的老公很有能力，不仅在公司的人际关系特别好，而且长得英俊潇洒。在一次公司的年终聚会上，小M跟他老公一起去赴约。在聚会上公司的许多女同事也去了。在吃饭的中途，她老公在一旁接了个电话，一边打电话，一边笑得特别开心。

回来之后，就有几个不怀好意的女同事故意调侃，她们先对小M的老公说："你打个电话打得那么开心，是不是红颜知己给你打的电话，你也是的，你老婆还在旁边呢！"小M的老公这时感觉有些尴尬："没，没有，你们别开我玩笑了。"这个时候她们原本以为小M听了会很生气、恼火。结果，她不仅没有生气地质问她老公，反而给她老公夹了个大虾，她一边把虾放在她老公的碗里一边说着："你每天工作那么辛苦，来吃个大虾补补。我跟你们讲我老公平时对我特别好的，每天吃完饭他从来不让我洗碗的，他说女人的手细皮嫩肉的，老用洗洁精对皮肤不好，上个月去逛商场还买了个包包送给我。他还老在家里跟我说公司的同事人又好，又风趣，老喜欢开他玩笑。我让他不要太严肃了，要经得起别人开玩笑。"听完了小M的话，那几个女同事很自觉地闭上了嘴。

后来，小M在跟我聊天的时候聊到这件事。她说："我确实也会害怕他外面有人，也怀疑过，但当时，我质问他、怀疑他，不仅会让他丢面子，还会显示出我比较小心眼。也许他在外面确实有人了，但我觉得一个聪明的女人要想维护好一段婚姻，靠的不仅仅是魅力，更重要的是智慧，是学会在适当的时候示弱。"果然，小M说的话真的很对，现在她不仅没有离婚，而且过得很幸福。这就是学会示弱的魅力。

当你问我"在婚姻中软弱就一定受伤吗？"那我想这样回答你：在

婚姻中学会示弱,证明你是一个聪明的女人,但你更应该学会的是如何在适当的时候示弱。经营婚姻不仅需要双方的情感付出、自身的魅力,更需要一颗聪慧的心,学会在适当的时候示弱。示弱并不意味着你认输,并不意味着你没有自己的原则,它只是证明你是一个聪明的女人,你是一个通情达理的女人。

五、柴米油盐也可以过得有滋有味

王力宏有首歌这样唱过："柴米油盐酱醋茶，一点一滴是幸福在发芽，月儿弯弯爱的傻，有了你什么都不差。"每个人对幸福的定义都不同，有人追求高官厚禄，认为觉得站在金字塔的顶端才是幸福；有人淡泊名利，觉得平平淡淡才是真，柴米油盐酱醋茶的小生活也可以过得有滋有味。在喧嚣的都市生活中，大家步履匆匆，每天为了生活而奔波，总觉得生活得不够幸福，其实并不是你不幸福，而是每个人都太贪婪，想要的东西太多，而忽视了生活中点点滴滴的小幸福。

有人常说："婚姻是爱情的坟墓。"但还是有人会向往这婚姻"围墙"内的生活，城外的人觉得婚姻生活好像挺美好的，城内的人已经厌倦了这平淡而疲惫的生活，想快速逃离。也许城外的爱情生活固然充满浪漫与快乐，但你并不知道城内的婚姻生活也可以过得有滋有味、丰富多彩。你要知道婚姻的世界里不仅需要两个人的感情付出，更加需要学会经营。经营婚姻看起来很简单，但却是要花一辈子的时间去做的事。如何能让平淡的婚姻生活变得有滋有味起来？

最近看了一本《我俩的故事——平如美棠》的书，书中讲述了一对老人的爱情故事。看完这本书，我不禁有些感动，更有些惊讶。感动的是在那个连生活都无比艰辛的年代，居然还会有这样美好的爱情；惊讶的是那么艰辛而平淡的生活却被他们过得有滋有味。

　　那是 1946 年的夏天，饶平如从部队请假回江西老家。有一天他去拜访伯父，在一扇打开的窗户前，一抬头就看到了一个十分好看的女孩，正在对着镜子抹口红，那个女孩就是美棠，后来成了他的妻子。

　　那一年他 24 岁，她 22 岁，这一幕的怦然心动，在往后的漫长而艰难的岁月里，都不曾消减。婚后的日子，并没有那么顺利。那时正逢乱世，社会十分动荡，为了生计他跑到菜市场门口去卖辣椒。他作为一个曾经出入有车子的大少爷，因为连称都不会用，而赔了好多钱。他还开过面馆，可连做面的刀子都被人偷走了。

　　当时两个人就住在由亭子改成的房子里面，四面都是窗户，风一吹门板"咯吱"作响。但老人说："那时生活虽然艰苦，但美棠从来没怨过我。"晚上俩人躺在床上看着月亮、说说话。老人还说妻子爱唱歌，当时生活比较艰苦，妻子就将报纸圈一下便成了话筒，老人就在旁边吹着口琴为她伴奏。老人笑着说这叫"妇唱夫随"。

　　回忆起往事的平如老人总是特别感慨。也许那段日子虽然艰辛，但老人却说是他一生中最快乐的日子之一。1957 年他突然被送去劳动改造，一去就是 22 年，在这 22 年里，两人写了 1000 多封"情书"，信里没有情话，只有琐碎的家常，但这却是这些年俩人之间唯一的联系，也是两人感情最好的见证。

　　平如老人调回上海时，已经 57 岁了，他的妻子也已经成了头发花白的老太太，他每天早上拎着篮子跟在美棠后面，屁颠屁颠去买菜，回家后俩人就一起坐在小板凳上剥毛豆。"饭烧得太烂了""什么也不会做"，面对美棠经常的"嫌弃"，儿女都觉得太严厉了，饶平如却摆摆手让他们一边去。"人家教育自己老公，跟你们有什么关系。"有人问他难道不会觉得没面子吗？他一本正经地说："根本没这个事儿，什么面子，没有。"在他看来，爱是不讲道理的，只讲情。

看完老人和他妻子的故事，我不禁陷入了沉思。现在的生活跟那个动乱年代比真的幸福了许多，没有了生活的艰辛，没有了异地的隔离，但现在人的婚姻好像却变得越来越脆弱，一点点微不足道的小事，都会让两个人产生纷争。

婚姻中居家过日子，总有这个那个问题，保险丝断了、水管漏了、灯泡坏了等，谁来修、什么时候修等等，这些伴随而来的问题也许让女人抱怨男人为什么不修、不知道定期检查。而这个时候，男人又会觉得女人不理解自己，自己在外面为了这个家辛苦奔波，回到家妻子不仅不理解关心自己，反而因为一点点小事而埋怨自己，觉得妻子有些不可理喻。

于是，婚姻生活开始有了抱怨、矛盾、争吵，双方都觉得婚姻生活变得越来越无趣，然后双方冷战了，不想解释了。就这样夫妻双方的距离越拉越远。其实婚姻生活虽然是琐碎平凡的，也却是温暖而感人的。著名主持人杨澜这样说："婚姻需要爱情之外的另一种纽带，那就是双方精神的共同成长，那是一种伙伴关系，在最无助和软弱的时候，在最沮丧和落魄的时候，有他（她）托起你的下巴，扳直你的脊梁，命令你坚强，并陪伴你左右，共同承受命运。"

如果在婚姻生活中，当两个人在遇到矛盾时，双方不是一味地埋怨对方，而是给予对方多一点包容，多一点理解，多想想对方曾经的好，也许我们的生活会变得更加幸福，会增添更多快乐。

在中国建筑界有这样一对金童玉女，他们就是梁思成与林徽因，他们的爱情与事业紧密契合，无论在中国的建筑界还是爱情史上都留下了极为灿烂的一笔，成就了一段传奇。

结婚以后，林徽因虽然在建筑设计上天赋异禀，可她最初在与梁思成一同工作的日子，画着画着就做别的去了，这时，梁思成会一声不吭地为她画完。就是从这细枝末节的事情上，林徽因这个"小女子"窥见了梁思成这个"大男人"的气度与襟怀。抗战期间，梁思成固守在贫穷的李庄，林徽因不畏艰难紧紧相随。而那时，梁思成的脊椎病使他必须穿上铁马甲才能坐直，体重也从 70 公斤下降到 47 公斤。可就是在这种情况下，他仍然笔耕不辍，直至不停地咯血。在劝说梁思成未果的情况下，她就与梁思成一道投入到著述中。

就是在粮食匮乏、没有电、臭虫横行的李庄，两人每天几乎都要伏案工作到深夜。到抗战胜利时，他们写出了 11 万字的《中国建筑史》。这部书不仅见证了中国建筑的发展史，更是见证了他们平淡而不朽的爱情。

围城里的生活固然充满许许多多的考验与艰辛，当你已经把围城外那份浪漫藏入柴米油盐的平淡日子中时，当你能对你的另一半多一些理解、多一些关心时，你会发现平淡的生活也会变得丰富多彩。在婚姻生活中，我们需要拥有一颗平常心，发现优点，消化缺点，只要一点理解、一点宽容，只要你明白婚姻不是社会，婚姻讲的是情，你会发现婚姻生活并不是一味的平淡而乏味，柴米油盐酱醋茶的日子也会过得有滋有味。

六、你也可以"仙"得不食烟火

庄子曾说过："不食人间烟火，非俗人也。"在这个物欲横流的世界，在这个世俗的人世间，想要做到超凡脱俗并不容易，因为我们每天都会面对各种各样的诱惑，而怎样去面对诱惑，怎样不迷失最初的自己，又是对你的一种考验。

最近网络上出现了一个新的词汇"神仙姐姐"，它多指那些不入凡俗，坚定信念，与世俗的污垢格格不入，举止投足给人以清新雅致的感觉的女子。她们的精神世界是纯真美好的，她们不愿与浮华功利的世俗打交道。著名舞蹈家杨丽萍便是一个鲜活的例子。当今演艺圈内躁动不安、争名夺利、拙劣炒作之风盛行，而杨丽萍戒骄戒躁、谦虚谨慎、恪守职业道德，以一颗淡泊宁静之心，坚守着舞蹈艺术这块神圣的领地。她出淤泥而不染，甘愿为艺术献身，曾经为了排舞蹈《云南映象》卖了自己的房子。她多年来一直坚持用手舞蹈，展示舞蹈的独特魅力。她低调不爱言语，拒绝当官，拒绝商业性的演出邀请，她常说，少跳一些光为钱的舞蹈。

在排练时，她从不要求特殊化，与其他演职人员同样享受每日30元的食宿标准。她还为藏族人打造了一部原生态歌舞，却编舞费用都不肯收。 杨丽萍从未进过任何舞蹈学校，在进入中央民族歌舞团以后，她觉得那里古板的芭蕾式训练并不适合自己，毅然离开了歌舞团，回到云南继续钻研民族舞蹈。当一个人全心与自然和生活融为一体时，就会显得与众不同。

没有人教过她该如何跳舞，她的老师是溪水、孔雀、蝴蝶、月光。她从大自然中吸取灵感，坚持自己的风格、特色与舞蹈方式。虽然她现在已经成为一位著名的舞蹈家，但她并没有过多地去追求奢华的生活，而是回到了云南老家生活，她在家里的后院种了满园的花朵，春天她采摘园中的花朵在家学插花。夏天，她采摘园中的花朵酿酒。秋天，她在院中看书，她养的小鸟似乎十分有灵性，纷纷飞过来围着她，有的站在她书旁的抱枕上，有的站在茶壶上，还有的调皮地站在她的头上。追求宁静，是一种恬淡的生活态度。只要有一颗恬淡之心，你也可以仙得不食烟火。

在生活中，只要你永葆一颗恬淡的心，你也可以活出最真实的自己。也许你会为生活中的琐事而忙碌，而感到疲惫，而迷失了自己。你会觉得好像一直没有为自己而活，而是被生活牵着鼻子跑。这个时候你便要开始反省自己，反省自己的生活态度，反省自己的生活状态。你可以给自己报一个瑜伽班。瑜伽是一种修身养性的运动，是一个通过提升意识，帮助人类充分发挥潜能的体系。在练瑜伽的时候你会觉得身体、心灵与精神达到了和谐统一的境界。瑜伽不仅可以帮你塑造完美的身材，保持身体的健康，还可以控制你的心智和情感。

美国旧金山的监狱，从 1997 年开始，采用瑜伽和戏剧，帮助暴力上瘾的犯人冷静下来，从而帮助他们找到自己具有侵略性的原因。同时，瑜伽还可以减压养心。当你在练瑜伽的时候，你的身心会得到极大的放松，变得宁静。心理学家研究证明长期练习瑜伽的人，会将练瑜伽的过程中那种松弛而平和的感觉，延伸到日常生活中，这会使我们的人际关系变得更加和谐，对周遭的一切也更加宽容、更加自在。

同时，更重要的是无论你每天有多么忙碌，你都要挤一些时间去读书，读好书。毕淑敏曾说过："我喜爱读书的女人。书不是胭脂，却会使女人心颜常驻。书不是棍棒，却会使女人铿锵有力。书不是羽毛，却会使女人飞翔。书不是万能，却会使女人千变万化。"古人云："腹有诗书气自华。"当你赏读名师的书籍时，你会感觉你是在与大师对话，与智者交流，是一次难得的精神之旅。经过岁月洗礼的经典书籍是有品位的女人必读的，智慧、敏锐、自信会从这一次次的阅读中得到，胜过女人许多空洞的追求。书籍会美化女人的心灵，美化女人的气韵。

当你读了许许多多的书以后，你会发现你懂得了好多为人处世的道理，不会无理取闹，会变得通情达理。读书会使你拥有平和的心态、良好的自信心，会让你的心灵变得更恬淡、宁静，成为富有书香气息的女子，会让你谈吐中淡雅脱俗、人群中超然独立，有一种修饰无痕的清丽。

我曾经遇到过不少四十岁左右的中年女性，整天生活在抱怨和恐惧中，却从不考虑怎样提升自己的内涵，改变自己的生活态度。她们会为了一点点的琐事跟丈夫争吵抱怨，总是埋怨生活的不公。其实，她们并不明白，不是她们不能变成"不食人间烟火"、清新脱俗的仙女，而是她们从来不注意提升自己的内涵，用知识来滋养自己。所以，女人要养成每天读书的习惯，读书会使你的心灵得到滋养和洗礼，会使你在烦琐平淡的生活中活出属于你自己的精彩。

"不食人间烟火"并不是与生俱来的气质，而是在你的日常生活中不断培养出来的。面对琐碎的生活、物欲横流的社会，只要你不忘初心，不因为外界环境而改变属于你自己的生活方式,你便可以活得轻松自然、豁达开朗。当你真正拥有了一颗恬淡的心,你就会发现即使身处喧嚣的城市,也可以随心所欲、随遇而安地面对这世间的种种人和事。

第三部分

朋友眼中的人是你吗？

所谓的特立独行就是做自己

第六章

展现自己，微笑地走向人群

一、朋友是论质量不是数量

朋友是什么？每个人都有自己关于朋友的独特界定，每个人心中朋友的定义也是各不相同。莫逆之交、君子之交亦或萍水相逢，这都是一种缘分。无论这种缘分如何，在这中间，总会有苦涩、有感动、有欣喜、有酸痛。时间长短是对朋友最好的判定，也是最无声的告白与守候。很多朋友会在你人生不同的阶段，陪伴你走过不同的人生路。有些人，你以为会是一生，相伴无数个春夏秋冬，却有可能就在某个不经意的起承转合之间，便淡出了生命。朋友是看质量而不是数量的，来去匆匆的都是过客，唯有留下的同伴才是真正的朋友。我们应该常怀着一颗感恩的心去看待朋友，感谢有他们的陪伴让我走过一切的酸甜苦辣，给我们带来太多太多的温暖与感动。

我自认为我是一个人际关系还比较好的人，有许许多多的朋友，有普通的朋友，也有交心的朋友。在这个光怪陆离的世界，一个人是难以生存的，无论是在生活上还是工作中，仅仅是心灵的孤独，便足以令人溃退。因为人之所以为人，就在于他除了和动物一样为了生存不断满足口腹之欲以外，还会要求更多的内心世界和情感沟通。因此对朋友的需要和朋友质量的选择至关重要，你坚信认定的朋友应该是那种不管是否联系，他（她）总是会在那里，如往常一般，时光不会让你们缺失言语。再相聚时，也不必耗费精力去解释彼此不在时发生的那些事的前因后果，就好像，昨天才刚刚一起喝茶聊天过。和真正的朋友之间的相处最为简单和自在，朋友是会在你有难时站出来陪伴帮助你一起携手走过难关的人，你们之间的帮助不存在任何金钱的牵扯，纯粹只是相互帮助和朋友之谊。

想起陈佩斯在评价自己和朱时茂的友谊时的一句话：从来不会想起，永远也不会忘记。这或许就是友情吧，不会陌生以及永远亲密。

朋友是人一生中不可或缺的一笔，但朋友也分很多种。有可以一起组局玩乐的玩伴，你们有着相同的兴趣爱好和大致的生活习惯。他们可以是你的同学、同事、棋友、琴友、食友乃至一起喝酒聊天互述衷肠酒醒之后再无联系的人生过客。你们因为志趣相投或机缘巧合而在一起，并成为朋友。

唯有更深一步的感情交流更为纯粹，他们也就是你的知音、密友、挚友甚至生死之交，可以用一生考验的朋友，这是可遇不可求的，这也是鲁迅说的"人生得一知己足矣"，就像伯牙与子期的故事。

相传春秋时，楚国有个叫俞伯牙的人，精通音律，琴艺高超，但他总觉得自己还不能出神入化地表现对各种事物的感受。老师知道后，带他乘船到东海的蓬莱岛上，让他欣赏自然的景色，倾听大海的涛声。伯牙只见波浪汹涌，浪花激溅，海鸟翻飞，鸣声入耳，仿佛响起了大自然和谐动听的音乐。他情不自禁地取琴弹奏，音随意转，把大自然的美妙融进了琴声。虽然，他创作出了这首绝世佳作，但他依旧十分苦恼，因为没能寻觅到知音，读懂他的音乐。然而这一天终究还是到来了。

某日，伯牙乘船游览，面对清风明月，他思绪万千，弹起琴来，琴声悠扬，忽然他感觉到好像有人在听他的琴声，回头一看，见一樵夫站在岸边，伯牙立即请樵夫上了船。伯牙弹起赞美高山的曲调，樵夫赞叹道："这段曲子雄伟而庄重，好像高耸入云的泰山一样!"当他弹奏表现奔腾的波涛时，樵夫又说："这一段听起来宽广浩荡，好像看见滚滚的流水和无边的大海一般!真是妙哉!"伯牙激动地说："知音!知音!"这樵夫就是钟子期。后来子期突然去世，俞伯牙知道后，悲痛不已，并在钟子期的坟前弹了平生最后一支曲子，然后断琴弦，终不复鼓琴。人这一生知音难寻、难觅，遇见了就是缘分。由此可见，知己对于人的一生是十分重要的。

人生路漫漫，在这条路上我们会遇到许许多多的困难险阻，而朋友总会在你陷入逆境时挺身而出，在你伤心难过时替你分担忧愁。朋友同样还是你很好的倾听者，你可以向她倾诉心里话，无论是幸福的、快乐的、悲伤的，她都将是你最忠实的听众。

《庄子·外篇·山木》中说："且君子之交淡若水，小人之交甘若醴。君子淡以亲，小人甘以绝，彼无故以合者，则无故以离。"君子之交淡如水，那是一种相互的信任和生活所带来的平淡后的宁静与幸福，"淡"是生活的味道，也是时间验证的朋友的味道。最重要的是"淡"如平静的水，而不是汹涌的波涛，真正的朋友之间不需要有大风大浪一样的日子，能够有像水一样的清澈透明的友谊足矣。

朋友要交真心的、谈得来的，像这样的朋友才能使你进步。人生难得一知己。知己一辈子有两三个就已经很不错了，随着时间的推移你就会渐渐明白，不管什么时候发生什么状况都对你不离不弃的朋友到底有几个，那些朋友才是真正的朋友，朋友是在质量上的深交而不是数量上的泛泛之交。

人的一生之中，你会遇见很多人，有在你伤心难过时像家人一样陪伴的密友，有彼此熟悉谈天说地的损友，有饭桌上的饭友，也有擦肩而过仅一面之缘的过客。

朋友可能很多，但是真正的朋友却没有几个。懂你的无需多言，不懂你的就是对牛弹琴，对真正的朋友就是有一份笃定不疑的信任。人要低头做事，更要睁眼看人，择真善人而交，择真君子而处。结交朋友也是对自己的考验，朋友的质量决定你的品味和你生活的质量。人的一生，面临一个又一个的选择，当中也包括对朋友的选择。有些人，只可远观而不可深交；有些话，只能慢言而不可说尽。朋友只有淡淡相处、慢慢相处才能长久，而感情只有浅浅尝、细细品才有回味。真正的朋友会在你哭的时候陪你哭，一直愿意听你倾诉，在你笑的时候陪你放肆大笑。只有愿意陪你哭的朋友才最珍贵。这样的朋友难能可贵，一辈子才能遇到那么一两个。他们愿意为你而承担悲伤的滋味，愿意为你分担痛苦。你们的精神世界互相连接，彼此感应，共呼吸同命运。一直愿意听你倾诉的朋友难能可贵，他们静静地在你身边替你排忧解难，他们不计较个人的时间和空间，他们是你一辈子忠实的听众。你们彼此相守，互表虔诚。这样的朋友一辈子最多两三个。愿意陪你笑的朋友也十分稀少，他们努力摒弃人类共有的贪婪和嫉妒，真心诚意为你祝贺。他们用笑容为你增添快乐，用行动为你立起成功的后盾。这样的朋友，一辈子有三四个足矣。

所以人一辈子最好的朋友，十个以内最好。若是朋友泛滥，大多是泛泛之交，或者狐朋狗友，大多对你的成长进步没有任何帮助。他们既不能替你分担痛苦，也不能帮助你不断前行。你们或许只存在利益上的一些纠葛，但只是一时的，日久见人心，未来他也可能是你的敌人，朋友在精不在多。

二、我傻，是因为我真实

朋友眼中的我是真正的我吗？她们对我的认识是真实的自己吗？其实并不，没有一个人能够说他了解你，百分之百懂你，哪怕是你自己也没办法完全真实地认识你自己。在朋友眼中的自己可能会很傻很天真，因为我们可以毫无顾忌地大笑、肆无忌惮地哭闹。

可这样真实的自己真的很傻吗？我们在朋友面前展现真实的自我，是因为我们对他们的毫无保留的信任。朋友也可以是自己安全感的来源，朋友的关心、照顾和帮助都是对自己最大的帮助和肯定。和朋友在一起的日子总是很轻松自在，总是自己最毫无防备和纯粹的一面。

在学生时代，肯定很多人都和自己的好朋友做过傻事。记得那年第一次我在教室看见她，就有那种想认识的心情，我走过去说："哎，你是新来的同学吧，那待会你就和我一起去吃饭吧。"她抬头："嘿嘿，好的呀。"然后这一起就是九年。"与君初相识，犹如故人归。"

从第一天在一起就像是相处十年后的自然。刚认识的时候两个少女都叛逆得不行，不服管，不爱上课，每天必须翻墙进学校。早上迟到一分钟跑一圈，基本两个人得跑一节课，从天没亮到太阳在头上。还干了很多莫名其妙的事儿。

我读中学时候两个人还换着住房子，一周你住我家，一周我住你家。

今天你做饭我洗碗，明天我做饭你洗碗。周末一起去买菜。长大些了一起住寝室，把房子租出去赚钱买东西。晚上两个人就挤在小小的一张床上，互相打闹聊知心话，聊着聊着发现对方睡着了，就盖好被子也睡觉。那时做过好多相同的梦，买了很多很多闺蜜装，情侣装也穿成闺蜜装。

　　哪怕是离家出走，对方父母第一个想到的人也会是对方。谈恋爱，对象永远不如对方重要，对方一个电话马上走。后来不在一个班级，两个人都懂事一些了。我也开始奋斗，开始好好学习，主动坐在教室靠门窗边第一个位置。早上第一节课下课，她就会来敲窗户，要不是奶茶，要不就是芝麻糊，偶尔她还会端来保温桶，里面是她早起煮好的稀饭。

　　下午也是如此，我不去吃晚饭，就老是有人会敲窗子，推开一看全是一堆吃的。很多时候学习累了总是会在朋友面前抱怨，然后课桌上就总是出现鼓励的便利贴和各种花朵。有一个冬天的早上，一直考试，也没有下课，写着写着老师突然对我说："你出去吧。"我看到老师正挥着手冲我眨眼睛，我往外看，她就裹得像个球一样捧着个杯子边跺脚边傻笑。我发誓，那是我二十年里喝到过的最温暖的奶茶。

　　真的，大概和最好的朋友相处就是奋斗，她会用她的方式陪我奋斗；我失落，朋友也会鼓励自己；我成功，她也不会嫉妒，反而会像孩子一样比我更开心。朋友就是我们知道彼此最真实的样子，却还是相互喜欢，相互帮助，相互成长，我们真心地希望对方好。和朋友在一起就会感觉世界都是温柔的，天空是蓝的，风是暖的，我们都看见对方最真实的一面，我们都相互见证着对方的成长。

　　在朋友面前我们总会不自觉地展现自己的快乐，自己犯傻的一面，自己的喜好和厌恶，自己的委屈和不满。因为我们对彼此都毫无防备。甚至我们还会一起做很多傻事，一起在路上大笑，一起喝酒放肆，一起在马路上冲着世界嘶吼，一起来一场说走就走的旅行，一起在冬天去跳水，一起辞职创业。

这些都是在他人看来十分愚蠢傻气不正常的事，但是和朋友一起却显得如此自然真实，因为这些才是你内心中最真实的自己，而唯有在朋友面前这样的真实才会更加自然流露。在如今的社会，我们总是活在别人的期待之下，外界会投射许多光环在我们身上，很多时候我们总是背负着太多人的期望而活着，这样的自己很累，因为外界对自己的期望跟自己真实的生活和真实的内心其实是有一定差距的。

父母不断地为我们付出，所以总是期望我们成才，成为他们想要我们成为的人，上司、老师则会因为公司利益或者成绩效应对我们有他们的期望，而只有朋友不会，他们愿意以最大的宽容来接受一个最真实的你，他们也希望包容那个傻气真实纯粹的你。而只有真实的自己才是最快乐的，在现实生活中，很少有人不是一直想做一个不是自己的人给别人看，只是因为别人希望你怎样你就努力去成为怎样的人，而不是做一个真实的自己。但其实，只有做真实的自己才会是快乐的。

真实的自己是一些活生生的情感与想法，很多时候这些感情和想法微不足道，但它又确实是你最真实的内心想法，而往往很多时候这些真实的情感和想法得不到外界的回应和认可，甚至很多时候在它被展现出来的时候，还会遭到批评和否定。当这些真实的想法和情感被阻断时，我们的想法并不会真的被放弃反而是在不断地压抑中带给自己更多的痛苦。因此，很多时候做真实的自己在他人看来是傻，而只有朋友才能够谅解和支持。

做真实的自己，表达内心深处最真实的想法并不容易，它意味着你要承担更多的责任，经历更多的挫折和磨难，面对更多的和他人的冲突和矛盾。大多数人都会选择放弃真实的自己而不断配合别人的想法和大众的意见，他们畏惧真正意义上的独立和最真实的自己，内在的不安让他们望而却步。所以，敢于做真实的自己的人才是最快乐和自在的，因此和朋友的相处在外人看来傻傻的你们反而才是最真实的、最让人羡慕的。

那些别人眼里往往越傻的人，他们往往是最真实的人。在交朋友的时候，你如果用一颗单纯而真诚的心去交朋友，你便会交到真诚的朋友。那些带着功利性的心理去交朋友的人，他们往往不能交到真诚的朋友。那些看起来很傻很单纯的人，他们往往活得更洒脱、更真实。同时，交朋友讲的是真诚，讲的是交心，而不是功利得失。以一颗真诚的心去交朋友，你收获的将会是一个真心实意的，能在你最困难的时候给予你帮助的朋友。

三、最可贵的不是价值，而是品质

人的一生被分成很多个阶段，每一个阶段，人都在追求着不同的东西，但无非不是物质上的追求，就是精神层次上的追求。人们在追求精神富有、物质满足的同时，究竟什么才是评判一个东西的标准？无可否认是事物的品质。

有句话说，好看的皮囊千篇一律，有趣的灵魂万里挑一，我相信一个人会有多大价值，取决于他有着怎样的品质。回归本质，才是做人的初心。不忘初心，方得始终。

战国时齐国无盐邑之女钟离春，又名钟无艳，"无艳"即丑的意思，她是中国古代四大丑女之一。相传外貌极丑，鼻孔朝天，脖子肥粗，额头像臼，中间下陷，头发稀少，皮肤黝黑，身体上下比例失调，骨架很大，如同男人一般强壮。

因她是无盐邑人，所以后来又用"貌比无盐"这一说法来形容一个人外形丑陋。钟离春虽其貌不扬，却德才兼备。她虽不像皇帝的其他妃子一样能歌善舞，却有着心怀天下的政治才能。当时执政的齐宣王，性情暴躁，喜欢被吹捧，日夜沉迷于歌舞升平，以致政治腐败，国事昏暗。钟离春冒死自请见齐宣王，陈述齐国危难四条，并指出如若再不悬崖勒马，将会面临城破国亡。齐宣王大为感动，不仅采纳了钟离春的建议，而且为表其悔改之心，散尽后宫，立钟离春为王后。自此齐宣王勤政改革，钟离春帮助其重振朝纲。从此齐国大治，成为六国之中的佼佼者。而后也为后人留下"丑胜无艳"和"自荐枕席"两句成语。

美与丑的定义不是片面的外观，而是由内心深处的灵魂散发出来的。钟离春虽然长得丑，但是她心灵美，她内心优秀的道德品质，将自己的价值发挥到了最大化。

生活中有很多人，他们很平凡、很朴素，他们小小的身影默默奉献在城市的每一个角落里，年复一年、日复一日地坚守着自己的岗位，重复着自己的工作。在很多人看来，也许他们自身的价值微不足道，但他们身上不怕苦累、默默奉献的品质却光芒万丈，我们应该铭记他们的付出与辛劳，更应该为这样优秀的品质鼓掌。

如今这个时代飞速发展，人们的生活品质也逐渐提高，对各种物品的质量要求也越来越高。有句俗话说，便宜没好货，好货不便宜。很显然一件物品的价格是人们衡量一件物品好与坏的首要选择。大多数时候，物品的价格与品质确实是对等的，但这并不是绝对的。比如春秋时代，楚国有一个商人是做珠宝生意的。有一次他到齐国去售卖他的珠宝。为了多卖一些珠宝，他特地用名贵的木材制作了很多个小盒子，并使盒子散发出一股香味，再把盒子雕刻得非常精致，然后把他的珠宝装在盒子里面。一个郑国人路过，看见装珠宝的盒子如此美观又精致，向售卖的人问明了价钱后，就买了一个。但他打开盒子，把里面的珠宝拿了出来，退还给卖珠宝的商人，然后带走了装珠宝的盒子。这便是成语"买椟还珠"的由来。人们往往只注重外表而顾不上商品的品质，所以通常会像那个郑人一样做出舍本求末的选择，最终吃亏的还是自己。

这说明物品的品质才是最可贵的，就像一个品牌能够在竞争激烈的市场中存活下来并屹立不倒，绝对不是单纯因为价格，更不是因为折扣，而是它的品质过硬，这才是它最大的竞争力。苹果手机开创了手机的新时代，苹果公司无疑在全球引领了手机时代的新潮流。苹果手机刚上市时，可谓是火爆全球，数百名苹果粉丝为了抢购而提前排队购买，可谓口碑与销量齐飞。而就这几年苹果手机的近况来看，苹果手机暴露出许多问题，越来越高的价格，越来越多的质量上的漏洞，都不免让人失望。反而像华为这样国内的手机品牌，近两年发展的趋势保持得很好，金立更是成为手机市场中的一匹黑马。这些品牌精心打磨，注重品质，发展的前景越来越明亮。

所谓的"金玉其外，败絮其中"，就是形容一个东西外面像金像玉，里面却是破棉絮。外表虽然看起来漂亮，内部却破败不堪。徒有华美的外表，实质却经不住考验，一团糟。就像某些外表光鲜靓丽而无修养内涵的人，终究不会有大作为的。

国产电视剧曾经有过一段巅峰火爆的时期。那时候，电视剧的特效还不是那么发达，但用了"五毛钱特效"的《西游记》，却能够持续在屏幕上被放映好多年，伴随了一代又一代中国人成长。随着人们接触到的剧种类的增多，一方面，国内电视剧面临的竞争加剧，精彩的美剧、精致的韩剧和经典的英剧，逐渐走入人们的生活；另一方面，国内电视剧在技术的映衬下，开始失去了"耐心"。为了迎合市场，许多电视剧要么重于演员，要么重于技术，价值与品质不配套，让原有的观众逐渐走失。

国产电视剧正经历着迷茫期。这种迷茫期的突出表现是，国产电视剧有了市场，却没有真正赢得市场；有了票房，却不能赚取群众的口碑。国产电视剧，在过去的时代，曾经无比辉煌；然而，这种辉煌，并没有如人们所愿的一直保持下去。只有更多地注重电视作品的品质，才能让这种辉煌长久保持下去。

　　无论是人还是事物，我们都不喜欢虚有其表。一个人无论是在生活中还是社会中，都应该培养自己的良好品质。交朋友也是同样，你不能抱着一颗功利的心去交朋友，这样你所交到的朋友，也一定不会是真诚的，而且你交什么样的朋友也将决定你变成一个什么样的人。所谓"近朱者赤，近墨者黑"，我相信大家不会不懂。当你交了一个品质良好的朋友，自然她身上良好的品质，在你们的长久相处中，你也会慢慢拥有。所以品质比价值可贵，品质决定价值。

四、怎样在朋友面前做最好的自己

我们每一个人都有自己的优缺点，有着各自存在的意义和价值，他人的评价固然有可取之处，但自我认识还是需要自己去深入发掘。人人都有着自己与他人不同的所在，而如何去认识自己、改变自己、表现自己，就全在于自己的意识而不是他人的评价。

很多时候我们都很难清醒地认识自己，特别是在这样一个被各种信息轰炸的时代，我们每天接收不同的消息，每天需要关注那么多人对自己言行的评价和要求。因此，我们总是不能正确地认识自己的优缺点和自身的价值，这也是为什么少部分人能够成功而大多数人即使努力也依然平庸。成功的人是自信的人，他充分相信自己的能力和价值，能够发现自己的优缺点并利用好自己的优点。在这样不断肯定自己、激励自己的过程中，他逐渐改进，并成为最好的自己，从而实现自身的价值，得到他人的认可并取得成功。在朋友面前我们要有足够的自信，相信那个就是最好的自己。

在春秋时期的楚国，有个叫卞和的人，他在楚山中拾到一块玉璞，并把它奉献给了楚厉王。厉王叫来辨别璞玉的专家来鉴定，专家鉴定的结果却是一块石头。厉王大怒，于是砍掉了卞和的左脚。后来，厉王死了，武王即位，武王又以欺君之罪砍掉卞和的右脚。在文王即位时，卞和仍然坚持对文王说："这一定是块美玉，我相信我是对的！"文王感动于他的自信，于是就派人对这块璞玉进行了加工，最后发现果然是一块罕见的宝玉，并且价值连城，它就是后来被多国争夺的和氏璧。璞玉的价值能够被发现源于卞和的坚持和对自己的自信，而璞玉最后能够发光也是因为对它自身的锤炼和加工。每个人都是一块璞玉，最后能不能闪现光芒需要外界的帮助，也需要自身的不断精进和改变。

　　每个人都有自己的过去，也有自己的不足，谁都改变不了你的过去，但你也不需要一直纠结于自己的不足之处。过去的你已经过去，而现在才是你的当下，现在和朋友相处的你才是最好的你，为了更好，你需要做的就是放下以前，积极地发现问题，改变自己。把过去当作你的成长记录，原谅自己过去的错误和一些不恰当的行为，这也是一个提升自己的机会和平台，不断地学习过去的经验教训以便完善更好的自己。和朋友相处的过程中难免会出现问题和矛盾，不断地积极解决问题就会成为最好的自己，也是朋友眼中最好的你。

　　别人眼中的你很重要，但是你也不要过分在意他人的眼光。我们在过往中总会遇到很多人，他们对我们有不一样的评价，哪怕是朋友对我们的评价也不尽相同。不同的朋友对你有不同的评价，而无论哪一种评价都不可能成为真正的你，你仍是你自己。当你在不断琢磨"难道他们认为我很风趣？难道她觉得我的样子难看？难道他们认为我是一个不安分的人？我的人缘好吗？是他们当中的一部分吗？我和他们是朋友吗？"做最好的自己，你就应该放下这些问题，不要过多地计较这些问题。真的朋友不会对你提出这样的问题，也不会带给你这样的困惑，你只需要不断地自省，发现问题完善自己，并且顺应自己的心去做最真实的自己。朋友的好建议可以听取，但最后的决定权在你手上，你才是那个可以决定自己一生的人，也是朋友眼中最好的自己。

朋友知己是一生之中可遇而不可求的，因而对待真正的朋友需要像对待自己一样的好。好朋友是值得你为之付出的，因为在你遇到困难时他们也毫不犹豫地挺身而出，助你渡过难关；在你不开心的时候，他们也愿意倾听你的心声。朋友之间是相互的，应该相互包容，彼此帮助，真诚以待。人们常说的"为朋友两肋插刀"，源于这样一个故事：秦叔宝为救朋友，染面涂须去登州冒充响马，路过两肋庄时，在岔道想起老母妻儿无人照顾。但他仅仅犹豫片刻，就毅然选择了前往登州去营救朋友。他在两肋庄岔道的选择就体现出秦琼的深重义气，也被后人称为"两肋岔道，义气千秋"。

真正的朋友是不求回报的全心付出，保罗·科埃略在《查希尔》里写道："真正的朋友是好事发生时在我们身边的人，他们为我们捧场，真心为我们的胜利高兴；虚假的朋友是那些只在我们困难的时候才出现的人，他们脸上挂着'忧伤'和'同情'，而实际上我们的痛苦正被用来安慰处在悲惨生活中的他们。"这个观点不易为人接受，但我觉得讲得实在是恰到好处。

朋友之间的相处难免会有意见相左的时候，而冲突也是最好的提升感情的方式，如果解决得好，两个人的观念就能得到更融洽的交流。曾国藩曾说过："不与人争利益之长短，只于己争品性之长短。"和朋友的争执是一种感情的交流互动和提升，没必要非要去争一时的长短对错，观念的交流和轻言细语的沟通才能达到最好的效果。朋友之间的交往，最重要的就是真诚。每个人都有自己的缺点，有自己的个性。虽然说朋友是性格相和才走到了一起，但你要知道每个人在这世上都是与众不同的。没有性格爱好完全一模一样的两个人，所以，在与朋友交往的时候不要为了附和朋友的喜好而改变自己，要知道真正的朋友，她会去包容你，无论是你性格上的缺点，还是你的坏脾气。所以，在朋友面前请卸下你的伪装，以一个真实的自己去面对朋友；以一颗真诚的心去对待朋友。

在生活中我们总是会遇到很多困扰，这时大多是朋友陪我们一起度过的。也许你会问我："既然朋友这样重要，那在与朋友相处的期间如何做到最好的自己呢？"

首先，当你们两个人的友谊遇到问题的时候，当你们起争执的时候，请不要只顾着埋怨对方的不好，要站在对方的角度去理解一下对方，但这种理解是建立在你自己的做人准则的基础上的，你不能为了包容她，理解她，而丧失了属于你的人生准则。

再就是不要因为爱面子，在你遇到困难的时候选择不告诉朋友，独自面对。你要明白朋友也许会是你处于逆境时的"救命稻草"。在与朋友相处的过程中，你不仅需要好好认识那个最真实的自己，还需要好好认识你的朋友，了解你的朋友，并以最好的状态和朋友相处，以自己最真实的一面去面对朋友，给他们更多的帮助和关心。在遇到问题的时候，以沟通交流的方式来解决问题，使你们之间的友谊达到最好的状态。

五、将心比心

和朋友相处贵在交心。什么是交心？交心就是贵在交真心。现如今不少人都奉行"逢人只说三分话，不可全抛一片心"的原则，批评别人怕伤"和气"，多讲问题又怕损了"人气"。现在是一个讲人情的社会，大多数人都说喜欢交心，无论是饭桌上的觥筹交错还是私下的轻声细谈，勉强的交心都是在利益的前提下。没有真心的交谈反而让人顾虑重重，彼此试探只能说一些言不由衷之语，讲一些可有可无之话。与朋友之间的相处真心最为重要，而唯有真心才是最难能可贵、最能打动人心的。而想要与他人以心换心，我们就要学会换位思考，设身处地地为对方、为他人着想。在与朋友的相处中，我们也要多问自己"假如我是他，我该怎么办？"多站在对方的角度替对方着想，才能更好地理解对方，这样的相处才能使朋友之间的关系更加融洽。特别是在两人之间出现问题的时候，只要多为对方着想就能打动人心。与朋友相处贵在真心，只有真心才能获得他人的真诚以待。也只有这样，朋友之间偶尔出现的相处问题才能得以解决，误会才更容易得到消除，而矛盾也就可以得到更好的化解。

知己知彼才能将心比心，我们是除开家人以外和朋友相处最多的人，也是最了解朋友的人，与朋友之间的相处将心比心是一条王道。朋友是人一生中最宝贵的财富，好朋友就像是翅膀，他能助你飞上蓝天，而好朋友也是可遇不可求的，也只有将心比心才能留下真正的朋友。唯有这样，大家才会觉得生活不再闭塞，世界不再冰冷，不再处处充满陷阱，生活才是充满阳光和鲜花的世界。近君子、远小人，我们才有更加美好的生活。

这里有一个悲伤的故事。他长年在外打仗，在战争结束要回到国内的时候，他从旧金山给父母打了一个电话："爸爸，妈妈，我要回家了。但我想请你们帮我一个忙，我要带我的一位朋友回来。"

"当然可以。"父母回答道。

"有些事情必须告诉你们，"儿子继续说，"他在战斗中受了重伤，他踩着了一个地雷，失去了一只胳膊和一条腿。他无处可去，我希望他能来我们家和我们一起生活。"

"我很遗憾地听到这件事，孩子，也许我们可以帮他另找一个地方住下。"

"不，我希望他和我们住在一起。"儿子坚持。

"孩子，"父亲说，"你不知道你在说些什么，这样一个残疾人将会给我们带来沉重的负担，我们不能让这种事干扰我们的生活。我想你还是快点回家来，把这个人给忘掉，他自己会找到活路的。"

就在这个时候，儿子挂上了电话。

几天后，父母接到旧金山警察局打来的一个电话，被告知，他们的儿子从高楼上坠地而死，警察局认为是自杀。

悲痛欲绝的父母飞往旧金山。在陈尸间里，他们惊愕地发现，他们的儿子只有一只胳膊和一条腿。

"将心比心"是基本的道德教谕。古往今来，从东方的"己所不欲，勿施于人"到西方的"你们愿意别人怎样待你，你们也要怎样待人"，不同地域、不同种族、不同信仰、不同文化的人们，说着基本相同的含义。

"将心比心"是人类经过长期博弈，付出惨重代价后总结出的黄金法则。没有人是一座孤岛，社会是一个利益共同体。我们不能用自己的左手去伤右手，我们是同一棵树上的叶和果。对人类而言，"将心比心"是互助的前提！

"将心比心"的实质，就是设身处地为他人着想，即想人所想。人与人之间少不了谅解，谅解是理解的一个方面，也是一种宽容。我们都有被"冒犯""误解"的时候，如果对此耿耿于怀，心中就会有解不开的"疙瘩"；如果我们能深入体察对方的内心世界，或许能达成谅解。一般说来，只要不涉及原则性问题，都是可以谅解的。谅解是一种体贴，一种宽容，一种理解，一种爱！

"将心比心"也是自我学习的好方法。"将心比心"就是站在对方的立场上来全面考虑问题，这样看问题才比较客观公正，才能防止主观片面带来的弊端。当你真正站在朋友的立场上去看问题时，你会发现朋友也并没有你想象中的那么容易，你会发现理解别人，包容别人，也没有想象中的那么难。

人这一生在世，唯有真心最为可贵，无论是对自己还是对他人和朋友。朋友是除了家人以外，会一直陪伴自己、扶持自己的人，他们在你一生中扮演着无可取代的角色。亲人是割不断的血脉关系，朋友却是全靠真心牵扯，因此将心比心才能维系朋友关系，让两人关系更加深入。

我们都是感情的动物，很多时候都会受着感情的左右，感情不是复杂的数学公式，也不是简单的加减乘除，它可以十分简单也十分复杂。它简单到只需要交出真心就可以获得真心，也复杂到不是你托付了真心，别人也就一定会托付真心。因此，我们在交付真心的同时也要学会选择，选择值得真心以待互换真心的人，当你找到这样一个人，当你被真诚的对待和细心的呵护的时候，当你被真心接纳的时候，你会明白自己收获的是怎样的感动和满足，你会明白你真正找到了属于你自己的那个真心朋友。

只要你愿意交出真心，并站在朋友的角度为他思考，为他打算，不计较利益和其他，那你一定会得到他同等甚至更加真诚的帮助和对待。维护朋友之间友谊，不应该是利益、金钱，而更应该是感情，更应该是相互理解、相互帮助、将心比心。将心比心不仅是朋友相处时的法则，更是与朋友交往时的良好的品质。我相信在交朋友的过程中，是没有人愿意跟自私自利的人交朋友，因为这样的人不会理解他人、宽容他人。这便可以想象，他在以后的日子里也将不会学着理解、宽容他自己以及他的亲人。

所以，在与朋友的交往之中请学会将心比心，学着多多包容和理解朋友，这样不仅会使你交到更多的真心的朋友，也会让你和朋友之间的相处变得更加轻松自在和长久。

六、朋友，以信而交

帕斯卡尔说："我们由于交往而形成了精神和感情，但我们也由于交往而败坏着精神和感情。"在生活中，与人交往是一门学问。拥有一段珍贵的友谊，一定要交对朋友。俗话说，人生得一知己足矣。千金易得，知音却难寻，真心朋友更是难得遇见。

周国平认为社交更应注重交往的质量，他写下：在一次长途旅行中，最好是有一位称心的旅伴，其次好是没有旅伴，最坏是有一个不称心的旅伴。交往为人性所必需，它的分寸却不好掌握。一段高质量的友谊总是发生在两个优秀的独立人格之间，发生在信任与理解之间。他在《交往的质量》第七段中写道：从一个人如何与人交往，尤能见出他的做人。这倒不在于人缘好不好，朋友多不多，各种人际关系是否和睦。人缘好可能是因为性格随和，也可能是因为做人圆滑，本身不能说明问题。在与人交往上，孔子最强调一个"信"字，我认为是对的。待人是否诚实无欺，最能反映一个人的人品是否光明磊落。一个人哪怕朋友遍天下，只要他对其中一个朋友有背信弃义的行径，我们就有充分的理由怀疑他是否真爱朋友，因为一旦他认为必要，他同样会背叛其他的朋友。"与朋友交而不信"，只能得逞一时之私欲，却是做人的大失败。

交朋友，要交心，只有用真诚才能换来真诚。

　　杵臼之交是形容交朋友不嫌贫贱和身份。东汉时期，有一个贫苦好学的读书人，名叫公沙穆。他经过一段时间的刻苦读书后，总认为自己学有所限，于是想进入京城继续深造。但是公沙穆家中贫穷，没有那么多钱作为他到京城去学习的费用。于是，公沙穆来到一位姓吴的富人家做舂米佣人。有一天，公沙穆正在舂米时，这位富人来到他身边，他看见公沙穆举止斯文有礼，根本不像做粗工的人，便和他攀谈起来。言语中，这位富人发现公沙穆学识渊博，对事情很有自己独到的见解。于是他不顾他们彼此贫富的差距，决定和他在杵臼之前成为朋友。在封建社会，贫富悬殊，等级又很森严，一个富豪能够纡尊降贵去与一个穷苦读书人交朋友，是件难得之事。后来这事被传为一段佳话。所以真正的朋友不会在乎你们之间身份、地位上的差距。交友要看重对方的诚信。朋友必须要有仁德，必须品德高尚。《辞源》援引汉朝郑玄对"朋友"的注释："同门曰朋，同志曰友。" 也就是说，只有与自己有共同的志向、理想和抱负的人，才能称得上"友"，才能走到一起。

　　富兰克林说，选择朋友要慢。道不同，不相为谋。错误的朋友只会害了别人和自己。

　　用诚信去交友，才是正确的做法。

　　在《论语·颜渊第十二》记载："子贡问友。子曰：'忠告而善道之，不可则止，毋自辱焉。'" 对于朋友的错误思想和行为，应该做到忠诚地劝告他，恰当地引导他。如今都流行"友谊的小船"这一说法，然而那些错误的朋友就像是一艘友谊的贼船。一位女警官参加了一档演讲节目，她在演讲《真正的友谊》中提到，那些喝完酒以后，让你去顶包的朋友，不是真朋友；那些遇到纠纷，让你去帮忙打架的朋友，不是真朋友；那些明明知道你做错了，却碍于面子，继续让你犯错的朋友，不是真朋友。她用简简单单的语言告诉我们，什么样的朋友该交，什么样的朋友不该交，什么样的朋友他会害了你。面对那些朋友，我们应该勇敢、坚定地打翻那艘"友谊的贼船"。

真正的朋友，应该是君子之交淡如水，不为名利。就像同为演员的胡歌和霍建华，霍建华说："和胡歌的感情无须多言！我们不经常联系，特别的日子会问候下，其实这种真正朋友的交情，是很深层次，也很安定的，就算五年不见也是一样，无须多言。"

自古有鸡黍之交，意思是守信用之交，出自《后汉书·独行列传》。范式，字巨卿，山阳金乡人。少年时在太学读书，与汝南人张劭（字元伯）为友。二人完成学业后，同归乡里。范式对张劭说："我两年后回来，那个时候我会到府上拜见尊亲，再看看令郎令媛。"与此同时两人还约定了拜见的日期。时光匆匆，不知不觉间约定的日期快到了。张劭把这件事禀告了母亲，请母亲准备酒菜以迎接挚友的到来。张劭母亲问："你们分别了两年多的时间，你又与他相隔千里，你怎么能那么相信他会赴约？"张劭说："巨卿是守信之人，他一定不会违约。"母亲说："要是果真如此，我要为你们酿酒。"到了约定的这一天，范式果真如期而至。两人升堂拜饮，尽欢才散。

形容自己与好朋友之间彼此信任的成语还有"管鲍之交"，这一典故出自《列子·力命》中："生我者父母，知我者鲍子也。此世称管鲍善交也。"它写的便是管仲和鲍叔牙之间深厚的友情。

春秋时期的政治家管仲和鲍叔牙是好朋友。管仲比较穷，鲍叔牙比较富有，但是他们之间彼此信任、相互了解。管仲和鲍叔牙早年合伙经商做生意，管仲拿出了很少的本钱，可最后却拿了很多的利润。鲍叔牙知道管仲的家庭负担大，所以他毫不计较。有好几次，管仲帮鲍叔牙出主意办事，反而把事情办砸了，鲍叔牙也不生气，并且还安慰管仲说："事情办不成，不是因为你的主意不好，而是因为时机不好，你别介意。"

管仲曾经做了三次官，但是每次都被罢免，鲍叔牙认为不是管仲没有才能，而是因为管仲没有碰到赏识他的人。

管仲参军，作战时临阵逃跑了，鲍叔牙也没有嘲笑管仲怕死，他知道管仲是因为牵挂家里年迈的母亲。在齐桓公想让鲍叔牙当上卿，帮助他治理国家时，鲍叔牙却认为自己没有当上卿的能力。他向齐桓公大力举荐被囚禁在鲁国的管仲。鲍叔牙说："治理国家，我不如管仲。管仲宽厚仁慈，忠实诚信，能制定规范的国家制度，还善于指挥军队，这都是我不具备的。要想治理好国家，就只能请管仲当上卿。"在鲍叔牙的大力劝说下，齐桓公终于被说服，齐桓公把管仲接回齐国。管仲回到齐国，当了上卿，而鲍叔牙却甘心做管仲的助手。最后在管仲和鲍叔牙的合力治理下，齐国成为诸侯国中最强大的国家，齐桓公也成为诸侯王中的霸主。

他们两个人之间的信任是最难能可贵的品质。朋友分为很多种，可信用是朋友之间重要的桥梁，无论天涯海角，都不会忘记彼此的约定，而选择相信对方。

无论处境如何，真心的朋友都会同甘苦、共患难。不需要太过狗血的情节，不需要太多煽情的话语，有时不需要轰轰烈烈，平平淡淡才是真。有彼此真挚的心，就足够维持这段友情。朋友，应该以信而交，付出真心，未必能收获真心，看错了人，就选择放手。人与人相处，信任才是基础。真朋友，真诚待人。

第四部分

职场上的领头雁是你吗？

所谓的特立独行就是做自己

第七章

出售自己，创造生命的价值

一、别在意同事背后讨论你

生活中大家总是爱说"人言可贵"，总是在乎别人对自己的看法，却从来没有问问自己的内心："这真的是你想要的吗？你真的愿意这样做吗？"人们总是特别在意自己在别人心目中是个什么样的形象，却时常忘记了，自己心底那个最真实的自己。你要知道人活在这个世上，如果一直是活在别人的言论里，那这个人活得该有多么失败呀！所以不要在意别人的看法和议论，做最好的自己，做最真实的自己。

这次讨论剩下的最后一个外人——自己。我们对于一个人的印象多半来自听说，没错，太多的接触都是建立在听说的基础上，再去了解。这个原理在自己身上其实也合适，因为你从来都不知道自己在所处的环境中是什么样的人，也需要听说，只不过，听说自己是什么，难度更高。

特别是在工作中，人们总会把一个人的好当作理所当然，但会把一个人的坏当作世间之极恶，会刻骨铭心地记在心里。当一个人被提起，多半是，这个人还行，就是某方面怎么怎么样。所以每个人都会被冠以怎么怎么样的标签。当人听到的时候多半都不会脾气太好了，而敏感的人就会开始考虑会不会给自己造成什么影响，这样的例子在生活中比比皆是。

可是当静下心想一想，这样的自己是真正的自己么？应当正面回答自己："是，这就是在这个小环境中被诟病的自己。"每个人必须承认，这就是自己，但是，这只是其中一面而已，而且过于夸大化了，这并不是真实的你，这只是别人眼中的你。我们活在这个十分拥挤的社会，每天都会遇到各种各样的人，听他们说各种各样的话，每当听到别人议论自己的时候，我们总会在心里担忧自己是不是做错了什么，是不是又做了什么令人讨厌的了。

职场，是个十分复杂的地方，职场里的尔虞我诈、你争我斗，其实并不稀奇。无论你做得多么好，多么完美，都会有人觉得你不好，都会有人在背后议论你。如果你把每一次别人的议论都听到心里去，如果你一直为了防止别人不再议论你而不断改变，到最后你会发现你活得越来越累，越来越不像自己。当你再一次"照镜子"的时候，你会发现你已经面目全非。所以，无须在意别人如何议论你，你只需要做好你自己，做好最真实的你自己。因为你永远不可能做到让所有人都喜欢你。

每个人的身上都有属于自己的闪光点和缺点，每个人都不可能是完美的，那么，既然这就是自己，要不要接受，答案也是肯定的，要接受。因为在群体中，每个人都有属于自己的特质，这部分特质是自己的，是别人安排给自己的。或许有人不会理解这个事情，既然这个特质不真实，又是他人，或过分一点，是你的敌人安排给你的特质，为什么要接受。因为不接受，你只不过又多了一个做作的特质而已。

可是这些特质终究又是不好的，又要承认，还要接受，那岂不是等于让自己成为不好的人么，实则不然。

接受是第一步，如果不能接受这些东西，就注定不能成为更好的人，或者说工作者。那么第一步应该怎么样呢，或许很多人说改变，这不成立，前面已经说过，所有的好都是理所当然。所以，第一步是别在意，因为如果你过分在意这件事情，你的工作重心就丢了，你每天都想着如何让别人不议论你，你的工作效率就会慢慢下降，这个时候你身上的毛病就会越来越明显，你就会越来越在意别人对你的看法。那么有太大的可能你就真的成了别人口中所议论的那样的人，并且做作。

看到这，很多人可能会愤怒，这不是没办法化解了么。那这篇文章岂不是在打击每个工作者的心。但是这篇文章做的，就是从打击人心开始的。

原因很简单，"天将降大任于斯人也，必先苦其心志，劳其筋骨。"如果没有一颗足够坚强的心脏，那么不论工作生活甚至于爱情，都没有成功的可能性。每当你听到什么风吹进你的耳朵，都不要去在意，虚心接受，看看自己有没有这方面的问题，有则听之，无则加勉。然后再进行第二步。

第二步，不是改变，而是判断，判断你的方向和你所要追求的东西，时常问问自己：你追求的到底是什么？这很重要，这决定了你在今后的工作中怎么去做，该如何面对那些议论你的人。这个事情没有定义，而且更加取决于你自己的态度。对于每个职业，每个岗位，甚至每个人都不同。然后进入第三步。

第三步，依旧不是改变，而是坚持，明白了自己的路，那就坚决地走下去。但如果对所选的路判断不准，就有可能是一条死路。当我们做到这一步的时候，一定要坚持，因为太多负面的东西会袭来，特别是别人在背后讨论你，这会不断地影响你，让一个人产生诸多念头。这时候就会体现出接受的作用，如果你接受了这个你，那么你的负担首先会放下一些，然后，就是下一步，别在意。如果你能心无旁骛地坚持下去，可能同事背后议论的你在这个阶段会"死掉"，因为你专心于你的工作。当然，如果你的工作与处理人际有关，那么更好，你的同事对外宣称的你，和接触以后的你的反差，会更容易让人记住你。在这多说一句，反转有时候效果更佳，但不绝对。如果能一直选择坚持下去的话，那么就可以到最后一步。

这最后一步，依旧不是改变，而是别在意。但是这一次的别在意，就是针对那些讨论你的人了，因为这个时候，他们已经不是你的绊脚石了，而是垫脚石。人生就是这样，当你爬上了一个更高的高度时，你之前接受的所有的不好，都会成为你路上的垫脚石，你已经不再在意别人的言语了，那它便自然而然地成了你不断向上的阶梯。因为等级不同，在这等级森严的社会中，就是这么残酷，差一级，也不行。

其实，除了最后一步，都很难做到。人在群体中生存，难免会沾染群体的气质，在这最后的讨论中，依旧想留一点干货。第一，不要成为讨论别人的人，你不在意，别人不一定不在意，你不去讨论，尚且可能会认为是你，更何况真的是你呢？每一个讨论者，理论上都是一个淘汰者，因为这个人不把中心放在自己身上，或者说没有全部放在自己身上。

第二点，也是这篇文章最后想说的，是人心理方面的东西。首先，提出一个点，人的潜意识比主观意识高明得多，不要尝试伤害他人，潜意识会发现的。那么剩下的就是做自己了。什么意思呢？之前的文字，提供了方法，没提供做法，每个步骤的做法简单，最难的就是接受同事背后讨论的自己。如何接受，在承认这是自己之后，开始把这定位成一个标尺，因为空穴来风之词太少，人对自己总是宽容的，我们从这个自己中知道自己不应该变成的样子。所以这些东西，不过就是一种警示罢了，并且来自于别人，很客观。所以，每个人只是接受了一把尺子，然后，不需要丈量自己，明其意，不以其为意。而后思进取，登高台，享高处风景。所以，也许我们不能管住别人的嘴。但我们可以管住自己的嘴不在背后讨论别人，我们可以选择做自己。当听到别人在背后讨论你时，不要生气，也不要担忧，你是有选择捂住双耳，去倾听内心那个最真实、最诚恳的自己。如果一个人总是活在别人的评论和言语里，那他永远做不了自己。

　　当有一天他再回头看看曾经的自己，再看看现在的自己，他会发现在自己身上再也找不出那个真实的自己的影子。所存的只有因为别人的议论，而添加上的那些本不属于自己的标签。同时，当听到别人在背后议论你的时候，不妨也试着反省一下自己，反省一下自己是不是有哪些地方没有做好，这何尝不是个很好的完善自己的机会呢？

二、该出手时就出手

面对职场上众多"武林高手"的激烈竞争，一个空位子，有许多个目光的"垂涎"，职场如战场，身处"残酷战场"上的你，准备好了吗？在面对职业人生中的机遇与挑战，年轻的你是否已经做好像梁山好汉那样，"该出手时就出手，风风火火闯职场"了呢？

在职场中，你想要成功不仅在于你是否努力，你是否有好的机遇，更在于在遇到机遇时你是否能眼疾手快地把握好机遇。在职场中，每天都会有机遇，每个机遇都会有许多双眼睛虎视眈眈地盯着。所以，你要学会的是，在机遇来临的时候能够很快地将它握在你自己手心中。机会来了！你准备好迎接它了吗？

按照哲学的观点来讲，机遇与挑战是统一的一对兄弟，但同时又是性格迥异的两个相对体，它们彼此相互依存，缺一不可。若想抓住机遇那就必须勇于挑战，像战士冲锋般排除万难勇敢地冲向前，只有敢于伸出双手迎接挑战的人，才会获得更多的机遇，才能获得比别人更丰满的未来。

人的一生中充满着机遇和挑战，机遇和挑战无时不在，生活中如此，职场中亦是如此。

对于职场上打拼的我们来说，机遇的光临非常珍贵，可以说机遇是位不速之客。他不会西装革履，热热闹闹、敲锣打鼓地来登门拜访你，而总是悄无声息地来到我们大家身边。有的人眼疾手快，果断出手，将机遇迎接进门做客；而在职场中的很多人在遇到新的发展机会时，却总显得犹犹豫豫、瞻前顾后、权衡再三，就这样很多新的发展机遇在徘徊思量中一走了之，花落他家，最后消失得无影无踪。因此，要想抓住这位不速之客，不仅仅需要下一番工夫，更需要拿出你智慧的头脑和果敢的性格，为身在职场上的自己争取到它的青睐，从而有所成就。

试问，一个人一生当中能有几个机会？一个人能花多少时间来等待机会？要想成为一个平步青云的职场精英，首先一定要学会做一个善于抓住机会的高手。

让我们来看个案例：杰克（化名）1998 年毕业于成都一所高校，学的是经济贸易专业，在校学习期间还利用假期时间在上海的一所日语学校专门进修过法语。毕业后，他来到南京的一家食品公司做了两年半的销售专员。

2001 年杰克来上海寻求发展，作为一个既有专业特长又有语言优势的"双料"优秀人才，杰克很快在一家法资贸易公司竞聘成功，成为这家法资公司的销售总管，月收入超过 8000 元。杰克每日工作兢兢业业，很快就被提升成为公司销售助理经理。提升后的杰克，真可谓是"春风得意马蹄疾，一日看尽长安花"。但是从这之后，杰克就再也没有挪过位置，年复一年，日复一日，当初意气风发、步步高升的杰克一直在原地踏步，始终没有前行。

年过而立之年的杰克突然发现自己所在公司的发展已经到了瓶颈期，比他更加年轻的后辈又你追我赶，快马加鞭，于是杰克便想找一个机会跳槽，以求能在事业上进一步发展，谋取更大的发展空间。按道理来讲，像杰克这样的"双料"人才，既有学历又有技术还有职场上的工作经验，想跳槽再谋求一份好的职业，并不是什么特别困难的事。可是问题来了，杰克从小养成了一种谨慎和沉稳的性格，使杰克不论做什么事情都喜欢有条不紊、按部就班、四平八稳地去把事情完成。

每次当机会到来的时候，谨小慎微的杰克总是思前想后，考虑考虑这个，盘算盘算那个，可是机会不等人啊，杰克这样思来想去，最后决定下来，但却耽误了时机，一个好好的机会就跑别人家了。每每遇到，杰克总是十分痛心，痛定思痛后，杰克狠下决心，决定下一次机会到来决不会轻易放过它。

而恰在此时，一家猎头公司找上门来，找到杰克想把杰克猎到颇具名气的另一家法国开办的贸易物流公司，职位不变，但薪水比原来要提高40%。本来已经是板上钉钉、十拿九稳的事了，可是要动真格的时候，杰克犹豫的老毛病又犯了。

他一会儿想到今年拿了丰厚的年终资金后，上司似乎有提拔自己的意思，而相反新的公司倒是提供更高的职位。一会儿他觉得自己从食品跨业到物流行业，还升了职，会不会很不适应不能胜任呢？但一会儿他又想到自己对目前的公司办公氛围已经很适应了，人际关系也不错，到了新的工作环境自己会不会无法适应呢？一会儿又担心起来，担心别人凭什么给自己这块香香的"馅饼"呢，会不会是个"陷阱"呢？杰克在家再三考虑还是无法作出决定，就这样，又一次新的好机遇，在杰克的老毛病下溜走了。

杰克事后又为此后悔不已。

从这个事例中，我们不难看出，由于杰克缺乏接受新机会的自信，在面临机会的时候，瞻前顾后，权衡再三，没有在这个十字路口做出及时而准确的判断，没能及时出手，让机会白白流逝了。因此，我们必须对自己的具体情况和谋求的职位做出客观的评估，等新的机会来时，抓住机会迅速出击。

主动的人机会多。小强大学毕业后应聘到一家企业做文员，后工厂经营不善倒闭了，小强也没了工作。几次求职受挫后，身在异乡的小强为了能有个安身之处，只得收起做办公室职员的想法，暂且进了一家工厂的生产车间当了一名流水线工人。快过春节了，公司管理部的刘经理考虑到春节时保安队会缺人手，就向车间要人，要求生产车间先派出一名人手来保安队培训，以便年假期间协助保安人员值班。

小强和几名新员工被主管召集到一起，问有谁愿意去。其他的员工不知怎么想的，都面面相觑，不作声，只有小强举起了手。于是小强被选中，然后到了保安队报到。小强被分配到前门站岗，保安队两班倒，每个班次 12 小时，工作很辛苦，下班路经此处的工友都笑他傻。

但小强并没有生气，直到有一天，小强在值班室的黑板通知栏上写通知收件人领取时，被刘经理看到，刘经理赞许小强的粉笔字写得不错，进而详细询问了小强的一些基本情况，学历、经历、特长及会不会操作电脑等。小强一一肯定做答，刘经理很高兴，推荐小强到办公室去工作，从此小强从一个名不见经传的小工人，一跃成为办公室的职员。由于小强业务能力强，又被公司提升为业务经理!

小强能够从一名普通的不起眼的工人，成长为一名出色的业务经理，正是由于他把握住机会，应对及时。所以我们说主动去做事的人，有很多机会。

我们放眼古今中外，许多成功人士正是因为把握住了时机才成功的。我们正在职场上拼命的职员应该向那些人士学习，不要担心自己会一直默默无闻地等下去，机会很快会出现的。那么，在机遇来临的时候你又应该怎样一眼就发现，并拿到它呢?

这就需要你的智慧、积累，多学习、多思考，使自己的大脑保持在活跃状态，能将周围的事和人看穿，在平常工作中不要等领导下命令，如果等领导说一步你做一步，那么这是领导的事业，不是你自己的。

　　因此，身在职场的你，要开创自己的事业，让领导成为你的支持者。抓住机会，该出手时就出手。

三、有价值的不是拍马屁，而是创造力

在当今社会，人才的竞争越来越市场化，而人才的竞争方向已经从单纯的技能竞争转向品德与技能两方面的竞争。在这个竞争力越来越强的社会，每个人都想出人头地，每个人都想在人群中脱颖而出，于是大家便开始"八仙过海，各显神通"。有的人是用自己的实力和创造力博得领导的青睐，而有的人却想走捷径，通过在老板面前溜须拍马、阿谀奉承来博得领导的青睐。但你要明白，在工作中是不能走半点捷径的，也许你现在通过这个捷径，博得了领导的青睐，但时间一长，是难以在公司立足，并得到同事的认可与支持的。真正的成功是要靠你自身的本事得来的，没有任何捷径可言。

我的高中同学小王，上高中时人缘关系就不太好。这并不是因为他人品不好，而是因为他特别爱在班干部和老师面前阿谀奉承。记得有一次，学习委员说要组织一个活动，想听听大家的意见，讨论时学习委员跟一个同学因为意见不合而吵了起来，而且明显是学习委员想得不周到。

同学们都在帮忙劝架，而小王同学也没闲着。他对那位跟学习委员吵架的同学说："我觉得吧，你这样做就不对了嘛，学习委员本来在组织活动上就比较有经验，她考虑问题绝对十分周到，你就不应该质疑她。"当时听完这句话，大家虽然心里不说，但都觉得他这个人太爱拍马屁了，

就是个马屁精，而且马屁拍得很没有原则。从此，班里的同学都不愿与他深交，他也只是表面上融入了我们这个班集体。

大家原以为他工作了会有所改变，没想到在一次高中同学聚会上，有个同学问大家还记不记得班里的马屁精，大家都笑了笑说："当然记得，至今难忘呀！"那个同学接着说："没有想到大学毕业找工作，我居然跟他到了一个单位。"大家都嘲讽地说："他爱拍马屁、爱阿谀奉承的习惯不会还没改吧！"那个同学笑着说："这还真被你们猜对了，他还真就一点也没改。"

故事是这样的。我跟他分到了一个部门。他刚来上班的第一个星期，部长让他整理一份数据，第二天给经理送去。然后，他的老毛病又犯了，他不知道在哪打听到经理喜欢喝公司附近一家咖啡厅的拿铁。他第二天一早便带着拿铁和数据一起进了经理的办公室，他跟经理说："经理，这是我整理好的数据报告。"经理说："好的，辛苦你了，放在这里就可以。"他放下文件继续说："经理，我听说您比较喜欢喝拿铁，今天早上出门就顺便给您带了一杯，以后希望您能多多关照。"经理听完，看了看他，并掏出了钱放在桌子上说："小王呀，还是谢谢你的好意，买咖啡的钱你拿着，我知道小王你是个聪明人，但人有时候太聪明了，聪明反被聪明误。你们年轻人有精力，又有创造力，我相信你如果把精力多放在创新创造上，你将会有所成就。"听完这句话，他特别尴尬，走出了经理办公室。

听完同学讲完小王的故事，大家只是笑笑便聊下一个话题去了。而我却陷入了沉思。他的故事不禁让我想起了我们公司的一个女生，她跟小王完全是相反的两个人。

她也是刚进公司不久的新人，在她身上我看到的是新人的冲劲和创造力。因为她是隶属销售部的，而且又是新人，当然只能干那些复杂而琐碎的小事。但她一直勤勤恳恳地干好她应该做的每一件事。后来部长让她去公司的门面待两个月，历练历练。她也没有抱怨，利用在门面的那两个月，做了份有关不同年龄段的顾客对公司不同类型产品的喜爱程度的数据报告表。当她再次回到销售部的时候，利用这个数据做了一个软件，可以评估每个年龄段的顾客对公司产品类型的喜好。她将这个数据报告连同她做的软件交给部长的时候，部长对她说："我就知道让你去门面锻炼没有错，我就知道你是十分有潜力的，虽然你一直默默无闻，但我发现你做事很认真、很用心。我一直觉得年轻人都是充满创造力的，没想到你的确没让我失望。"经过那件事之后，女孩便被升了职。

对比上面的小王，女孩就勤勤恳恳得多，也聪明得多。其实成功没有捷径，没有人能不付出就会有收获，世界上没有天上掉馅饼的事。

与其阿谀奉承，还不如在职场中发挥你的创造力，提升你的潜力。拥有创造力不仅能让你在职场中如鱼得水，应对自如，也可以让你在众多人中，更加轻易地脱颖而出。与其拍领导的马屁，还不如多花时间重新思考你遇到的每一个问题。改变问题或目标，无论改变成哪种，但只要合适就可以了。思考问题时，多角度考虑，这将会让你的视野变得更开阔。同时在职场中你要学会挑战自己，挖掘自己的潜能和创造力，这样会使你更加优秀，更加容易在人群中脱颖而出。也许你现在会问我该如何提升创造力呢？下面我会给出几个有效的方法。

方法一，每天工作之前写下自己今天必须完成的事，并用红笔标出最重要的三件事。在工作的时候，你应该选择先完成最重要的三件事，不要因为事情的难易而改变你的计划，打乱你的计划，切记要严格执行你的计划，做到今日事今日毕。在结束了一天的工作时，你要回头看看你今天的计划是不是都完成了。这样不仅能提升你的工作效率，也能让你的潜能和创造力得到特别好的激发。

方法二，每天抽出一小时来运动。每天有规律的运动，不仅可以保持你的身心健康，同时，你会发现在不断运动、不断挑战自己潜能的过程中，你的精力会变得更加旺盛，你的头脑会变得更加灵活。

方法三，睡前反思一下当天的工作和生活。每天睡觉之前花十分钟回想和反思一下自己的一天："今天哪些方面干得很好？哪些方面还有待改进？下次面对同样的事，我又该如何去面对？这不仅是一个简简单单的反思的过程，更是一个提升自己的再好不过的机会。

方法四，虚心听取和请教。当你遇到难题或问题的时候，与其一个人抓耳挠腮，还不如向那些有经验的同事请教，不要认为这是一种示弱的行为，其实这是一种十分聪明的行为。这样不仅能让你有所收获，也会增进同事之间的感情。有时候，创造性的想法，会来自一次简简单单的同事间的交流。

在职场的道路上，你会遇到瓶颈期，你也会迎来属于你的幸运日。如果你想在职场中如鱼得水、青云直上，你要靠的不应该是阿谀奉承、拍领导的马屁，而要靠你勤勤恳恳的工作态度，和你自身所蕴藏的无限的潜能和创造力。成功没有捷径，在成功的道路上，你要明白有价值的不是阿谀奉承，而是有无限潜能的创造力。

四、奉承领导等于虚伪吗

有时候，奉承别人并不是一件不好的事情，在与人交际的时候，必要的奉承可以打开朋友之间、陌生人之间、同事之间乃至与上司之间交流的那扇大门。所以说，有些时候，奉承是必不可少的，就像吃菜要加一点点调味品，会使饭菜变得更加有滋有味。

这样一分析，道理就比较明显了，"奉承领导等于虚伪吗"这个问题不能偏激地理解成坏事，它就是一种人与人之间的交往方式。毕竟，人都是喜欢听好话的，不仅是人就连动物园的宠物也喜欢被表扬，喜欢人们温柔地抚摸它们。所以，我们讲，人人都有自己的说话方式，适应就好了。

说到这里，可能还会有人纠结"奉承领导等于虚伪吗?"，心存这种有选择心态的人，那就是心态没有摆正。领导本质上和公司其他普通员工没有太大区别。所谓领导就是一位负责设定公司前进目标的员工，他率领团队或个人在一定的时间内、某种条件下，按照规定好的目标计划或者方式方案，来实现公司的目标。

公司是一个团队，团队就是一个组织、一个集体。因此，整个团队要想发展，就必须有组织者、带头者，来进行分工协作，这个组织者就是领导。因此，领导也是一种影响力，即领导者通过其影响力来影响其追随者的行为，从而达到预期的目的。领导的实质，就是妥善处理好团队内的各种人际关系，形成以主要领导者为内核的团队，共同努力，一致为实现预定目标而共同奋斗。现在我们社会是法治社会，法律面前人人平等，没有高低贵贱之分。因此，职员与领导在法律面前是平等的，领导在拥有更多权利的同时，也意味着领导要比其他普通员工承担更多的责任和义务，所以，我们在和领导相处时，一定要端正观念、心态，把和上司相处当作和普通员工一样，做一个待人接物得体的人。得体的讲话，就不是虚伪。那些无中生有且指鹿为马的讲话，就是不合适，就是虚伪的。无论是与领导打交道，还是与人交往，都是需要修炼的。让我们气沉丹田，来一场职场上的"瑜伽"。

在复杂多变、高增长的企业里，机会从来都不会缺少，缺的永远是能与企业一样高速成长的人才。但现实情况是，即使在同一家高增长的企业里，也并非人人都可以财富、能力双丰收。这是什么原因呢？一个很重要的原因就是对上沟通的技巧，赞美领导而不失真诚。

故事一：聪明的小魔女。

办公室里来了一个小魔女丽丽，她是一位聪明、工作努力且待人友善的办公室职员。她总会在自己拼尽全力做成项目后，发邮件给自己的上司总结自己的经验、教训，以及一些感性的心情：比如很感谢上级给自己的机会，感谢上级对自己工作上的帮助和指导等。这样既可以帮助她的上级了解她工作的态度、取得的成绩，更令上司了解她的优点；也可以描述自己工作上的思想和心得，从而使上司给予丽丽更多工作上真诚的反馈及建议，有利于她在工作上的进步；最后在丽丽人性化的沟通中，使她与上司的上下级关系中，融入了更多人性化的部分。

小魔女丽丽以最快的速度成长并且升职了，这都是她努力的结果，她与领导间良好的沟通，令她获益匪浅。相反，她的同事都忽略了这点，项目做完就做完了，并不重视和上级的沟通，错失了上司的认可和反馈，以及上下级除了工作之外的友情。

故事二：善于理性表达的靠谱男。

靠谱男张先生是个沉默寡言的人，无论是在开会还是闲谈的时候，他都不爱发表意见，永远都是认真地听别人说。他的个性比较内敛，并不像小魔女丽丽那样擅长主动对上司表达与沟通。但这并不影响张先生的发展，因为对上司沟通，有效的方法有很多种。

每次，当他发现团队、业务有重要的机会或是重大的风险的时候，张先生都会先了解清楚问题、做好分析、想好计划，然后用邮件有效、清楚地与上司说明事情、提出方案，然后请领导给予指导。显然靠谱男张先生的沉默寡言并没有影响他的火箭式上升的发展。因为他擅长聆听、解决问题，他的对上沟通就是"只说重点，绝无废话"。上司对他的信任也与日俱增，他被授予的权力和职责范围也越来越大，并获得上级工作上的支持。

下面再讲一个反面的小例子，帅哥变成祥林嫂。

这位帅哥，我们暂且叫他 A 先生吧，A 先生的经历是一个反面故事。他曾经是万人迷、社交王，人人都喜欢和他聊天做朋友，因为觉得他信息灵通、无所不知，很快就能与人熟络起来。

A 先生的上司原本也很欣赏他外向的性格与号召力，很乐于帮助他在公司里快速成长。直到有一天，一位公司的老员工升职了，他很不开心、觉得不公平：凭自己的能力应该是自己升职才对。他其实有很多机会与他的上司交流想法，他的上司还专门就这件事主动与他沟通过，但他都没有进行直面坦诚的反馈，相反地，而是四处和别人不断地去抱怨这件事，有意无意间透露出对上司的不满。

这样的怨气声传遍了公司，大家都觉得万人迷变成了祥林嫂，每次聊天都会不自觉地带出很多怨气。他这种负面、不积极的应对态度和做法令大家对他本人及上司的判断力产生质疑，当然最终也并没有好的结果。

通过上述的几个故事，主动与领导沟通，对我们工作是有很大益处的。不要认为说领导的好话，就是对领导的奉承，身在职场的你做到以下几点了吗？

1. 坦诚地总结自己的优点和缺点，并寻求指点。

2. 询问上司的目标，以及对自己的期望；确保自己的目标和努力与团队目标、上司目标是一致的。

3. 对于你不明白、不赞同的事情，询问上司是如何思考、如何看待的。

4. 积极沟通你的工作目标和实施计划，向上司询问建议、寻求帮助。

5. 最重要的一点是对于上司的努力与成果，主动鼓励和赞扬——上司也是人。

相反，差的对上沟通是这样的：

1. 你很忙，但是你的上司并不知道你在做什么、做成了什么。因为你没有花时间告诉他。

2. 从不主动了解上级的目标，或者不重视团队目标，我行我素。

3. 认为上司不对，但从来不沟通，心里怨气大，破坏上下级关系。

4. 从不主动寻求上级对自己的反馈，态度消极，抵触情绪大。

大家可以在对上级有效沟通中不拘一格，争取做一个职场上的达人。

看完了以上这些故事，大家便可明白，其实奉承领导并不代表你是一个虚伪的人，有时候适当的奉承，也是一种十分聪明的选择和做法。这样不仅可以锻炼你的口才，还可以拉近你和领导之间的距离。因为领导也是人，他也希望自己的工作可以得到下属的认可，奉承也是对领导工作的一种认可和赞扬。

如果，你想成为职场中的强者、达人，那么就请学会适当地赞扬别人，奉承别人，请相信语言所包含的无限美丽吧！

五、"逆袭"成为领头雁

没有人天生就是生活中的强者、工作中的领导者。人的一生总会经历这三个环节: 迷失自己、找寻自己、重塑自己。当你找到了真正的自己，并跨越了自己心中的那道坎，你会发现你不再平庸，你也可以成为职场中的领导者，你的生命长河也会溅起美丽的浪花。

李雪莉刚刚结束两个月的长假。这是她四年来第一次中断快节奏的生活。此时，她才不过 28 岁。这个爱美、以"传达美"为事业的年轻女性，终于可以放缓脚步，审视一番来时路。2010 年，李雪莉踏上北京开往唐山的列车时，直觉告诉自己: 你做了一次正确的选择。

两个月前，她来到姐姐王丹在北京的化妆品店，这是南京苏美化妆品连锁有限公司的一家加盟店。初到店里，她从事基层销售工作，从护肤到彩妆，所有产品都仔仔细细地调查记录了一遍，她坚信只有好的产品才能得到长久稳定的顾客。她工作中一直勤勤恳恳，并真诚地对待每一位顾客。

生意越做越红火，王丹提出要去唐山开加盟店。唐山的店顺利开张，却没开多久就易了主。姐姐因结婚生子离开唐山，临走前将这家店转给了她。二十一岁的李雪莉犹豫了，她害怕自己做不好会让姐姐的店和名声砸在自己的手里，她不相信自己能够做好，不相信自己的实力。当时姐姐只说了一句话："再多犹豫一下，也许就是一辈子的错过，你知道相信的力量吗？"姐姐的语气里带着期许。这句话打动了李雪莉，也触动了她心中的那根弦，她于是成为唐山品牌店的店长，她需要一个好的团队和自己一起打拼。在挑选人方面，除了直觉，还有她摸索出的一套挑人法则："同类人的眼睛里会有同你一样的光芒。"

她在面试招人时会问来面试的人："对自己对工作有哪些规划？"回答"好好做好本职工作"的人，眼光短浅，不要。回答"想多多尝试，什么都试一下"的人不要，"前期目标不定，这也试一下那也试一下，到头来往往什么都做不好"。她坚信如果是对的人，"与你对视眼睛会'噌'地发亮，立马给你一个回应。"她喜欢的一种回答是："我想自己开店。""我想把它当作事业，做大做强。"她把这一类人叫作思想上相近的人，不用强势与说教，我信你，你回应了，就能走到一起。李雪莉以这种方式，在日后选出了三十多名核心员工。手机里至今还保存着一份员工入职日期表，清晰地标记着每一个员工的成长线。

李雪莉对每一个在职员工都率先给予信任，她的坦率与真诚，让她从信人变成了被人相信。

2012年3月，唐山春意料峭，李雪莉的心却已沸腾如晚春。没背景、没财力，但她却愣是从牙缝里挤出资金开了第二家加盟店，但这还不够。精心准备两年多后，她决定拿下唐山地区的总代理权。她试图用数据打动总部。这些数据包括自己两年多的营业额、未来计划目标完成度、管理和销售方面的专业资质。厚厚一摞资料，却没让她完全踏实。直到面对品牌总经理李鹏飞与招商总监韩峰等人。

因为她的准备和信心得到了他们的认可和支持，"他们说，我们想这样做，你觉得怎么样？有什么规划？有没有面临一些困难？……他们看重的是我为人做事的态度，不是有钱就能拿代理这么简单，也不是拿到代理就不管你。""我们是一类人，用真诚说话。"李雪莉告诉李鹏飞，这不只是一份事业，还是她的梦想，她从最初帮姐姐做着最基础的销售，到如今的自己管理几家门店并争取更高的代理权，这都是她对信念的执着和对梦想的坚持。最终她毫无悬念地拿下唐山地区总代理权。

所以想要让自己在职场上从普普通通无权无势的自己变成职场的精英甚至做得更好，自信是首要的一条：目标在那里，就一定会实现。一个人贵在有梦想，有坚持，有自信。而自信是有弹性的，每一阶段的高度都不一样。接手第一家店时，李雪莉二十出头，她不敢奢求更高的发展和超越，不敢接收姐姐的店，不敢尝试踏出那一步，她怕，她不敢想。但是从店员到掌管者，她的成长和蜕变是快速的。

她在一次次实践和培训中获得成长，得到历练。培训课上，她还学到不少新的经营理念：客户要的不是一个单纯的产品，而是真正使皮肤变好的护理方案。针对不同皮肤问题、不同季节，她带领团队做了多种产品套组方案，当月就做出了比其他店面高出近一倍的销售额。

2013 年 7 月，唐山首家旗舰店在新街开业，李雪莉实现了她的第二阶段目标，"这是唐山第一家样板间店。"成就感与自信扑面而来。再一次拿到地区总代理权，她早已没有当初的忐忑，反而是更大的信心和对未来的憧憬。言语间，她充满着挥斥方遒的意气风发，那是七年前的李雪莉无法想象的自信：我不会做到最好，因为下一个李雪莉，会做得更好！

一个人想要把自己培养得更好，首先需要的就是要从内心相信自己能够做到，从内心认可自己，才是最大的鼓励。一个人的潜力是无限的，先天的不足，可以通过后天的学习去改变和弥补，只要他愿意相信自己的能力，所以自信是第一步。

接下来就需要一颗愿意奋斗的上进心和能够吃苦坚持的恒心，然后在不断的实践和学习中充实自己，不断地找到技巧去做得更好。我们想要成为更好的自己，就需要不断地提升个人的竞争力，打破职场发展的瓶颈，在逆袭中走向成功！

六、机会是给有梦想的人

梦想是指明灯，照亮前方的路；梦想是船帆，载你走向成功；梦想是阳光，温暖你失落的心。梦想是你前进的动力，梦想是你成功的资本。你要相信只要心存梦想，上帝总会眷顾你，机会总是留给有准备的人。

有个小男孩，他出生在一个贫寒的家庭，但他一直有个梦想就是成为一个出色的音乐家。而事实上，音乐是富贵而高雅家庭的孩子才能学得起的才艺，学习音乐所需要的大笔经费，是他们这种贫困家庭所承受不起的，仅仅是那一架昂贵的钢琴，都会让他的爱好和梦想望而止步了。

然而男孩儿并没有退缩，仍然执着地沉迷于音乐。他先是自己动手，用纸板制作了一个模拟的黑白色的钢琴键盘，然后在那个纸板做的黑白键盘上，练习贝多芬的《命运交响曲》。纸键盘当然弹不出任何声音，男孩儿自然也听不到钢琴发出的美妙声音，但他仍然用心地弹着，仿佛那音乐震耳欲聋。

更让人不可思议的是，男孩儿在这个纸做的键盘上勤奋练习到十指都磨破后，居然开始自己作曲。而渐渐地，有人开始喜欢起他的曲子来，并愿意出钱买。终于有一天，男孩儿用自己卖曲子挣来的钱买回了一架钢琴，那是一架二手钢琴，破旧不堪，时常发不出声响，或者跑调，但男孩儿却如获至宝。

他自己学着修整、调音，沉醉在自己的音乐世界里。男孩儿在作曲时常常走火入魔，有时在梦中醒来他突然来了灵感，就是打着手电筒他也要把曲子记录下来，父母看在眼里很是不理解。

那一年，男孩儿还不到二十岁，他的曲子被一位音乐家看上，也就是从那时起他便开始在德国和世界的乐坛上腾飞了，他的音乐被越来越多的人所喜爱、所认可。他最终成为好莱坞著名的电影音乐的创作人员，在第六十七届奥斯卡颁奖大会上，以闻名于世的动画片《狮子王》主题曲荣获了最佳音乐奖。他就是汉斯·齐默尔，一位自学成才的音乐大师，曾经在纸板做的钢琴上练习音乐，终于练出了一项属于自己的桂冠。

小男孩的故事，告诉我们一个道理：机会总是给有梦想的人，只要你心存梦想，只要你一直为梦想而努力奋斗，总有一天机会就会来到你的身边。

朋友曾经给我讲了这样一个故事。她原来的公司有个叫小媛的女孩，她是个刚毕业一年的大学生，刚来公司的时候她只是公司的一个小职员。朋友说她们公司办公的位置都是按照职位来安排的，从一楼到十三楼，职位越高，办公室的楼层越高，采光当然也越好。

有一次，那个女孩去给一个高管送资料，她回来以后，告诉她的同事："哇，不愧是高管，办公室采光真的特别好，每天早上在那个位置一定可以看到这个城市最美的朝阳，我以后也一定要到那个办公室里去办公。"当时她身边的同事都只是笑着附和，也以为这只是她的一句玩笑话。谁也没想到这便真正在她的心目中成了一个梦想，一个奋斗的目标。

她每天都是同事中走得最晚的，那些别人不愿意干的事她总是愿意担下来。她总是利用每一个学习的机会。终于功夫不负有心人，机会总会留给那些有准备的人。有一次，部门开会，部长说："最近公司给我们部门派了一个任务，就是让我们部门派一个人跟新疆的一个原料公司谈一单生意，那个公司跟我们合作很久了，但最近因为原来签的合同已经到期，而且最近原料价格上涨，他们要求原料的收购价格要在原来的基础上翻两倍，他们才同意合作。而且合作商一直不愿意松口，现在就要求我们能派一个人去跟他们洽谈，并在可能的情况下把价格压低一点，有没有人愿意去?"

当时，全场都陷入了沉寂，就在这个时候有个柔弱的声音打破了僵局："部长，我想去试试。"大家都向那个声音投去了好奇的目光。原来是小媛，大家都有些惊讶。不起眼的小媛，在这一刻，成了在场所有人的聚焦点。结果，后来小媛不仅谈下了这单生意，而且还给合作商留下了特别好的印象。合作商在公司领导面前对她赞不绝口。

在那不久，小媛就被升了职。那时大家都问她："小媛，看不出来呀！平时默默无闻的，新疆那么难谈的单子，你居然把它谈了下来。你哪来的这么大干劲呀！"结果小媛只说了一句话："是梦想的动力，我一直相信机会都会留给努力的人、有梦想的人。"

听朋友讲完这个故事，我不禁感叹梦想的神奇魔力。也确实是这样，没有人是不付出就可以有收获的，没有人可以随随便便就迎来一个好机会。在成功的道路上，你所需要的不仅仅是不懈的努力，你更加需要的是心存梦想，让梦想成为你前进的动力，让梦想成为你成功的基石。

一个刚刚退休的英国老师正在整理阁楼上的旧物，忽然她发现了一叠练习册，她吹了吹上面的灰尘。这叠练习册已经有二十五年的历史了，它是皮特金中学 B(2) 班三十多位孩子的考试作文，题目叫《未来我是＿＿＿》。

闲来无事，老师翻开读了起来，她很快被孩子们千奇百怪的愿望给迷住了。比如，有个叫彼得的学生想当一名海军大臣，因为有一次他在海中游泳，喝了三升海水，都还健康地活着；另一个小朋友想当法国的总统，因为他能背出二十五个法国城市的名字，而同班的其他同学最多的只能背出七个；最让人不可思议的是，一个叫戴维的盲学生，将来想成为英国的一个内阁大臣，因为在英国还没有一个盲人进入过内阁。三十多个孩子都在作文中描绘了自己的未来，五花八门，千奇百怪。老师笑着把它们读完后，突然有一种冲动：为什么不把这些本子重新发到同学们手中，让他们看看现在的自己是否实现了二十五年前的梦想。

老师在当地一家报纸上发了一则启事，想要知道自己小时候梦想的同学可以给她写信。紧接着，二十多封书信蜂拥而来。这些当年的孩子们有商人、学者及政府官员，更多的是普通人。他们都表示，很想知道儿时的梦想，并且很想得到那本作文簿，而老师也按地址一一给他们寄去了。

一年后，老师忽然收到了来自内阁教育大臣布伦克特的一封信。他在信中说：那个叫戴维的就是我，感谢您还为我们保存着儿时的梦想，不过我已经不需要那个本子了，因为从那时起，我的梦想就一直在我的脑子里，我没有一天放弃过。我一直为了我的梦想而不断地努力，我相信终有一天我会实现我的梦想。当时我说我想去竞选内阁大臣，大家都嘲笑我一个眼睛都看不到的人，这不是异想天开吗？我当时去面试的时候，有位面试官问我为什么要来竞选，我说："也许你会质疑我作为一个盲人为什么要来竞选，因为当一名内阁大臣，是我从小的梦想，我也为之付出了许多努力，因为我一直相信没有了眼睛，但我的听觉、触觉会比常人更加灵敏。我一直相信只要心存梦想终有实现的那一天。"我原本以为我不会成功，结果没想到我不仅通过了面试，而且真的成为了一名内阁大臣。今天，我还想通过这封信告诉我其他的三十位同学，只要不让年轻时的梦想随岁月飘逝，只要你一直为梦想而努力着，机会总有一天会出现在你的面前。你终有一天会成功。

这位叫戴维的盲人内阁大臣，他用自己的行动证明了一个真理：假如谁能把十五岁时想当总统的梦想保持二十五年，并且一直为之努力，那么就算他现在没成为总统，但他绝对已经成功了。

机会总会留给有梦想的人，只要你心存梦想，只要你将梦想作为你前进的方向，幸运之神终会眷顾你，机会终究会来到你的身边。机会对于一个有梦想的人是十分重要的，就像鸟儿没有翅膀，便无法在天空中自由翱翔，就像鱼儿没有了鱼鳍，便无法在大海里畅快遨游。一个人一旦做好了迎接机会的准备，他便已经做好了迎接成功的准备。你要知道机会来临之时，便是你梦想实现之时，便是你人生的成功之时。

第五部分

你是所期待的你吗？

所谓的特立独行就是做自己

第八章

活出自己，真实地面对生活

一、找回最初的自己

在人生的旅程中，我们会遇见好多个自己，有的叛逆，有的脆弱，有的倔强，有的勇敢，有的自私，有的狂躁……每一个角色，都会被生活磨砺得面目全非，而那个最初的自己，仿佛已经离我们越来越远。

杰森·斯坦森说过，生命里真正让我们难以忘怀并深怀感恩的，绝对不会是路上的苦楚和风雨，而是最初那个不顾一切清醒且勇敢的自己！很多时候，我们只管跌跌撞撞地前行，迷失了自己，迷失了本心，忘记了那个最初的自己是什么模样。若丢了最初的自己，要记得把它找回来。

为了定义梦想，去找回最初的自己。

小时候，天真无比，梦想成为一个了不起的人，老师、医生、科学家，这些我都曾幻想过。后来渐渐长大，所谓的梦想逐渐被现实所打败，才猛然发现那时的自己不是天真，而是傻。但仔细想来，我是被现实所打败了吗？或许打败我的人是我自己。每个人童年时都有过形形色色的梦想，长大后你可能会嘲笑那些年稚嫩的自己。

爱因斯坦童年时并没有那么聪明，他三岁时才学会说话，因此父母甚至认为他是一个傻子。后来上学后，有位老师对爱因斯坦的父亲说"你的孩子将一事无成"，甚至勒令他退学。十六岁时，他决定报考苏黎世大学，因成绩差而名落孙山。但他并没有灰心。为了实现自己的梦想，他勤奋学习，成了杰出的物理学奠基人，被公认为是继伽利略、牛顿以来最伟大的物理学家。

像歌词里写的那样，最初的梦想紧握在手上，最想要去的地方，怎么能在半路就返航，最初的梦想绝对会到达，实现了真的渴望，才能够算到过了天堂。

丹麦著名童话大师安徒生在他年少时，曾梦想成为一个剧作家，为了实现这个梦想，年轻时他选择离开家乡，一个人去了哥本哈根。在外颠沛流离、无依无靠的他，并未因此而退缩放弃。1835 年，他试写了几篇童话，很受大众的喜爱，此后他改变了自己最初的梦想，童话大师成了他的新梦想。他找到了最初的自己，童话才是他梦想道路上的本心。后来，他写出了《海的女儿》《丑小鸭》等许多举世闻名的童话故事，成了人们心目中公认的世界童话大师。

为了不忘初心，去找回最初的自己。

当代诗人汪国真说：我不去想是否能够成功，既然选择了远方，便只顾风雨兼程；我不去想身后会不会袭来寒风冷雨，既然目标是地平线，留给世界的只能是背影。

初心是什么？是你涉世未深时，最纯粹、最美好的东西，是内心清明时坚定的信仰。时代快速发展的节奏中，在大是大非、功名利禄面前，又有多少人能够做到不忘初心呢？

晋代田园诗人陶渊明也曾热衷于官场，也曾想在自己的仕途上一展抱负。但当他做了彭泽县令以后，了解到官场的黑暗、人情的冷暖，他便毅然决定辞官归隐，"少无适俗韵，性本爱丘山"。他还是喜欢"采菊东篱下，悠然见南山"的自在闲适生活。脱下官袍、远离官场的他从此躬耕农田，不问世事，感到一身轻松。从此，他过上一种躬耕自食的生活。只有心境淡泊的人才能甘于清淡的生活。与那些热衷于功名利禄者的阿谀谄媚、巴结奉承和投机钻营相比，陶渊明守住心灵乐土，不愿做贪官昏官的选择确实难能可贵。

为了坚定信念，去找回最初的自己。

《菜根谭》有言："岁月本长，而忙者自促；天地本宽，而鄙者自隘；风华雪月本闲，而扰攘者自冗。"有时候，是我们太汲汲于名利的内心将我们捆绑于桎梏之中，从而忘记了生活本来的样子，只知道麻木机械地去迈动双脚，而不知道要坚守本心，不随波逐流。别辜负最初的自己。

有这样一个人，信念坚定，内心澄澈，在历史的长河里，他在腥风血雨中步履蹒跚，举步维艰，却始终没有倒下。他就是屈原。你有满腔抱负与热血，有自己坚定的信念，可无奈昏庸的楚王却听信谗言，对你的忠诚与智慧视而不见。你可谓是"举世皆浊我独清，众人皆醉我独醒"。但在这个时刻，你消瘦羸弱的身躯已渐渐不堪重负，又有谁能搀扶你一把？你不愿意随波逐流地活着，最终你只得披发行吟于江畔，挥洒着满腔的热泪，用"安能以浩浩之白而蒙世之温蠖"维护了自己高洁的志向。从屈原投入汨罗江的那一刻起，他在楚国百姓心中的地位就被牢牢凝固了。这样伟大的人物，注定他的灵魂将得到洗礼和超度，割之不断、挥之不去，最终升华成为一种伟大的民族精神。

苏武奉命以中郎将持节出使匈奴，被匈奴扣留数十年。出使时是少年郎，归来时已是白头。匈奴贵族多次威胁利诱，欲使其投降，后又将他流放到北海边牧羊，让他手持汉朝符节，并放言当公羊生子的时候才可以释放他回去。苏武历尽艰辛，留居匈奴十九年持节不屈。面对匈奴的压迫，他坚定自己的信念，绝不投降。他坚守着自己的内心，即使在残酷的环境中挨饿受苦，还要忍受思乡之苦，他也不曾有过叛变之心。他对大汉的忠心，面对敌人时不屈不挠的气节，都值得我们去学习与感悟。

为了回归纯真，去找回最初的自己。木心的小诗《从前慢》中这样写道：记得早先少年时，大家诚诚恳恳，说一句，是一句。清早上火车站，长街黑暗无行人，卖豆浆的小店冒着热气。从前的日色变得慢，车，马，邮件都慢，一生只够爱一个人。

夏烈认为，这首小诗能特别吸引当代人，是因为木心概括了我们普遍的感受，即对于快节奏下慢生活的向往。这首小诗折射出人性的朴素和对慢节奏生活的追求。不得不说，随着时代的发展，人们生活的步伐变得很快，生活在车水马龙的繁华大都市，内心变得越来越浮躁，静不下心去感悟生活、体会人生，也越来越难做到返璞归真了。对生活迷茫了、厌倦了，倒不如好好静下心来仔细思考。

动漫大师宫崎骏的作品《千与千寻》里，可爱的十岁女孩千寻与父母误打误撞闯入幽灵界，父母因为贪吃化作猪。为了拯救全家，在机缘巧合下，千寻不得不为掌管灵界浴场的汤婆婆工作，同时也要放弃自己的名字，这同时也意味着放弃自我。其实，在这个浴场里工作的孩子大多数都迷失了自己，放弃了自我，眼睛里只看得到钱。而千寻之所以能够从头到尾不为欲望诱惑所动，就是因为她由始至终都能保持着难能可贵的纯真。在这部关于情感的动漫中，人们能真切感受到的，是回归，对纯真、对童心的回归。

　　找回最初的自己，找回纯真的自然本性。别在这条曲折蜿蜒的人生道路上，走着走着，走丢了自己，迷失了自我。找回最初的自己，才能有梦可做，才能不忘初心，坚定信念，回归纯真。

二、悲伤只不过是你自设的陷阱

能让人难过的源头千千万万种，但让人开心的由来却寻寻觅觅中。在这个快速发展的时代，有人的生活可以如葵花向阳而开一般灿烂，有人的生活却如夕阳依山而落一般黯淡。生活本就不易，无所谓悲伤，亦无所谓欢喜，无论切换成哪一种模式，时间依旧在走，你还是你，不能决定生来的姿态，就活得皆大欢喜一点吧。

三毛说，每个人心里一亩田，种桃种李种春风，开尽梨花春又来。人的内心很强大，就算装下一点点东西，都会被无限放大，而种下那些无伤大雅的伤悲，只会长出一座牢笼，困住自己。

古人尚有"不以物喜，不以己悲"的豁达胸襟，而如今的人们悲得不痛不痒，伤得一本正经，这样的孤芳自赏，只会让自己落入自己的陷阱。

不是林黛玉，就别强作多愁善感的样子。

就像有些听歌的人，听什么都会觉得词在写自己，曲在唱自己。人有时候真的矫情起来，会觉得整个世界都与自己有关，故作深沉，自寻伤感，将一点点感伤放大。而不得不说，每个人都只是大千世界中渺小的一个部分，同时扮演着路人的角色，实在不用自己给自己加戏。

就像每一年中，学子因高考失利，成年人因工作上的压力、感情上的问题、身体上的疾病而选择轻生的例子比比皆是。每一个生命都是无比珍贵的，所以即使遇到这些很难走出来的坎，你也应该告诉自己，看开一点。

就像抑郁症患者，这种疾病的症状以显著而持久的自发性情绪低落为主，而引起这种疾病的病因除了是患者个体内的遗传基因系统存在异常引起的，还有一个最重要的原因就是心里长期持续存在会引起强烈或者持久的不愉快的情感体验、悲观消极的思维习惯，诱发抑郁。所以悲观的、消极的思想一定要引起重视，如果处理不当的话，会让自己越陷越深，从而带来各种各样的疾病。

很多事情像抑郁症一样，有时候悲伤也会给自己设下陷阱。所以就算你仰慕那些文人雅士所写下的诗词歌赋，为之伤情不已，就算你迷恋那些苦情伤感的歌曲而无法自拔，也不要自寻悲伤，这不是一种潮流，不要用一种追赶的姿态去迎合它。生活应该顺其自然，随心而过，更应该多一些积极向上，多一些拼搏进取。

走向成功巅峰的人，当初在荆棘里前行之时，会忘了去悲伤。

我喜欢的一位歌手薛之谦曾说："小的时候我会觉得这个世界很不公平，可后来我发现这个世界就是不公平，但是不公平是好事，它会让你更努力。"他为了自己的音乐梦想坚持了十年，哪怕这十年他弄得很狼狈，但是今天他说"我的坚持是对的"。

从当初参加选秀节目，经过昙花一现，到之后逐渐被冷落过气，年少时签约了经纪公司，但老板跑路了，他被雪藏。这不经意间，便是十年光景。人生能有多少个十年？在人生的低谷期，他没有自甘堕落，没有安之若命，而是用这几年时间，用他的才华和努力，开店做生意，写歌写段子，就像他说的：我咬着牙干了！也像他的歌词写的"在阴郁的地方积攒能量"。在生活最困难的时候，他选择第一时间去找寻出路，而不是抱怨命运多舛，所以今天他再一次的成功绝不是偶然，而是经历过岁月打磨之后再一次的发光发亮。

在电视剧《楚乔传》中，天下战乱，大批平民沦为奴隶，主人公楚乔本是一个奴籍少女，被送入猎场供贵族娱乐射杀，在这样低到尘埃的逆境中，楚乔不知道自己是谁，不知道何处是归属，即使身份卑贱如泥，她也要努力活下去。她隐忍蛰伏，一心为了活下去，为了去燕北看看传说中没有奴隶的地方，在步步为营的过程中，她有了天下大同、释奴止戈的信仰。

从一个平凡普通的女子到成为心怀苍生的巾帼英雄，让荼毒数百年的掠民为奴的暴政解冻。相信看过这部剧的观众都会被楚乔的热血所征服吧。在绝境中，不信命，不退缩，她坚强得可怕，有自己的信仰，并为之去努力。尤其在剧集开篇的时候，在其他人哭哭啼啼、仓皇逃窜时，她在与狼搏斗。还有最后死里逃生的场景令人震撼。无论处境多么艰辛，最先做的是与命运抗争，她不服输，要强大。这种精神值得我们去学习与体会。内心清明，明白自己想要什么，不悲天悯人，而是用行动去努力证明。

谁都会有时运不济的时候，也没有一条一帆风顺的人生路，当身处逆境，不应首先去埋天怨地。有人选择浑浑噩噩地度日，所以陷入了万丈深渊，有人则是心如止水，继续前进，所以最终成为了自己想要的样子。

少一点无病呻吟，这个社会应该多一些正能量的东西。

当代诗人汪国真在他的作品《只要明天还在》中写道：只要明天还在，我就不会悲哀，冬雪终会悄悄融化，春雷定会滚滚而来。要知道很多时候拥有明天就拥有了希望，苦难从来都是暂时的，毕竟生活中没有过不去的坎，没有什么困难是解决不了的。明天还在呢，末日还没来临，所以请过得欢快自在一些。

最美舞者廖智，是一位美丽而坚强的舞蹈老师，她被称作带着伤痕跳舞的美人鱼，也是一位播撒希望和爱心的天使。2008 年的汶川地震，让她因伤不得不选择双腿截肢。同时地震中她还失去了年仅一岁的女儿，雪上加霜的是，她的丈夫因接受不了失去女儿、失去母亲、失去家园的现实，选择离开了她。尽管生活已经如此艰难，但这位美丽而坚强的老师并没有被打倒。

在刚装上假肢那会儿，廖智说她每天靠清晨去菜市场看小贩来激励自己，比起辛苦的小贩，她觉得自己还可以在温暖的被窝里睡懒觉、衣食无忧，相比之下，她觉得自己幸福得多。她说，地震让她明白，没有什么东西是不可以失去的，没有什么东西是必须得到的。第二年，伤势恢复之后，廖智选择去参加志愿者活动，去灾区教当地的孩子们唱歌跳舞，她说她要教这些孩子们忘记地震时的恐惧。也就是从那时开始，带着这样一份信念，廖智决定重新拾起她没有完成的舞蹈事业，用跳舞为更多的人带去快乐。

地震带给她灾难与痛苦，她却还以爱与感动，虽然生活对她很残酷，但一颗乐观善良的心，让她成为生活的强者。

"山重水复疑无路，柳暗花明又一村。"悲伤只不过是你自设的陷阱。送你一帧宽阔明亮的地图，愿你走出这个陷阱，无论悲喜，都是你自己最正能量的模样。

三、不完美的人生活在不完美的世界

你不够完美，生来平凡，被淹没在普普通通的人群中，但你却是这个世界上独一无二的存在，再没有一个人，像你这般特别。这个世界不够完美，却也有它光彩夺目的地方，还能让不完美的你赖以生存。不完美的人生活在不完美的世界，不完美，也是一种美。

有首歌这样唱，当我必须像个完美的小孩，满足所有人的期待，你却好像，格外欣赏，我犯错犯傻的模样。我们每个人都无法选择自己出生时候的样子，不必去强求做到完美，这个世界上没有绝对完美的人与事。但我们却可以在一个不完美的起点上，去无限靠近美的终点。

俗话说"人无完人"，但不完美的人却可以拥有美的品质。

德国杰出的音乐家贝多芬虽然双耳失聪，却使他能远离喧嚣与嘈杂，从尘世中抽身，沉浸在自己的音乐世界中，谱写出像《命运》那样震撼人心的乐曲。贝多芬虽然身体上存在缺陷，但他的意志、品德，配得上他所取得的巨大成就。不完美的他，却谱写出一首首动人的旋律。很多人认为，他的作品对世界音乐的发展有着非常深远的影响。

美国一位名为迈克尔·斯托克斯的摄影师为残疾军人拍摄了一组大片，并给这组震撼人心的照片取名为"永远的忠诚"。这些照片展示出了震撼人心的残缺之美。一位叫亚历克斯的军人在阿富汗的路边被一枚炮弹夺去了一条腿，他也因此获得了一枚紫心勋章。迈克尔发现虽然亚历克斯腿有伤残，但镜头下的他却丝毫没有因为伤残而变得哀伤和颓废，反而充满了坚强的力量。从此，越来越多的退伍大兵找到迈克尔，请他为自己拍摄写真照片。

他们都是一群不完美的人，都有着各种各样的伤残，有的失去双腿，有的失去双臂，有的身上布满疤痕。他们虽然无法改变已经发生的不幸，却积极乐观地面对生活，面对自己的不完美，面对这个世界的不完美，并尽自己所能去挖掘自身的潜能，展现出属于自己的残缺美。要知道，残缺的美，也能有震慑人心的力量！残缺的美，也能散发出属于它的独特美丽！

曾登上春晚舞台的舞蹈节目《千手观音》在那一年的大年夜，所带来的视觉上的美的享受，相信让每个国人都深深震撼。但是在欣赏完节目后，人们才得知这个节目的舞蹈演员都是由聋哑人组成的。这个节目对表演者来说，需要她们之间的配合要有极高的默契度。实在无法想象在听不见音乐的情况下，这群美丽的女子是如何做到整齐划一，一丝不差。她们看似不完美，却给我们带来了一场完美的视听盛宴。

佛家说，看透人生就好，不要看破人生。演员胡歌在他事业处于上升期时，发生了一场重大的车祸，他的助理因抢救无效死亡，他自己也身受重伤，并且遭遇了严重毁容。如今胡歌的面容已经褪去了年轻时的英俊，车祸带给他的疤痕在脸上依旧有迹可循。而那时的他，坐在轮椅上被推出病房时，可以笑着对别人说："这是我的新造型。"现在电视荧幕上的他，我们可以明显感觉到多了几分沧桑与成熟。

车祸之后，胡歌可以说是涅槃重生。也许是经历过生死，才会更加珍惜当下。他带着那个不完美的自己、有疤痕的自己，一如既往地为自己的演艺事业拼搏，《琅琊榜》《伪装者》这些优秀的影视作品让他达到了人生的另一个巅峰。

卡耐基说："上帝给谁的都不会太多。每个人都是上帝咬了一口的苹果，只是咬的位置不同罢了。"所以明星也是不完美的，他们也是普通人，也是有缺口的，也和我们一样生活在这个不完美的世界里。只是，他们欣然接受上帝所给予的不完美，并付出比常人更多的努力，来成就他们现在精彩而完美的人生。

"人有悲欢离合，月有阴晴圆缺。"玫瑰娇艳，却美中带刺，昙花虽美，却刹那芳华。没有完美的人，也没有完美的世界，这个世界有太多不完美的事物。但正是这种独有的残缺才涌现出另一种残缺的美。残缺也好，遗憾也好，换一个角度看问题，不完美的事物也能充满美感。

一说到残缺的美，人们脑中就会立刻联想到断臂维纳斯。在希腊神话中，这尊代表爱与美的女神维纳斯的大理石雕塑，由两块大理石拼接而成，两块大理石在连接之处非常巧妙，恰好在身躯裸露部分与裹巾的相邻处。本该是一座优雅高贵的完美女神像，却偏偏少了一只手臂，可是它最大的价值偏偏体现在此处。只有在其断臂时，那种来自灵魂的美之震撼才会完全释放出来，让人惊叹。不论是平淡无惊的眼眸，还是微微上翘、勾勒出一抹若有若无笑容的嘴唇，抑或站出完美弧线的腿，似乎都不如那断臂的身躯来得自然，来得绝美。只有残缺，才能演绎这人类艺术中巅峰之作。

鲁迅说过："倘若完全的书，天下可读之书怕要绝无。"也有人说："倘要完全的人，天下配活之人也就有限。"这世间有很多事，是人力所不能及的，也许像维纳斯一样，它所体现出来的残缺与遗憾，才能让已经拥有的一切显得更加可贵。就像中国残联主席张海迪，虽然上帝给予她不幸，但她却以积极向上的心态去面对。她在五岁时不幸查出患有脊髓病，这个病使她胸以下全部瘫痪。但她并没有放弃自己的生命，她在家中自学了中学课程，后来她还自学了多门外语，还当过无线电修理工。

她以她顽强的毅力和恒心与疾病做斗争，她虽然没有机会进入校门，但她却从不放弃任何一个学习知识的机会。她不仅自学完成了小学、中学的全部课程，她还自学了大学英语、日语、德语，并攻读了大学和硕士研究生的课程。

1983 年她开始创作，她的书不仅在中国出版，还被翻译成了英文。她的事迹被越来越多的人所熟知。也许上帝没有给予一个完美无缺的身体，但他却给予了你选择命运的权利。张海迪用她的经历告诉我们：身残但志坚，没有不可能的事情，只有你不愿意去努力。虽然身体残缺，但只要不放弃自己，努力过，终有一天你会散发出属于你的生命的光辉，终有一天你会鼓起勇气大声地告诉这个世界："我赢了！"

金缮是一种修复瓷器的装饰手法。当人们一不小心打碎了心爱的瓷器时，一件非常重要事情，就是去修补它，修补瓷器有各种各样的手段，这门手艺更是一种艺术。修复瓷器的时候需要把瓷器碎片用天然大漆黏合，再在表面敷上金粉或者金箔。中国有一种传统瓷器修复技术——锔瓷。金缮和锔瓷类似，都是传统瓷器修复技术，不过金缮源自日本，金缮的本质在于面对不完美的事物用一种近乎完美的手段来对待。它的重点就是用金，虽然用金不是太多，但是金代表着一种高贵的姿态。

用世上最贵重的物质来填补缺陷，精心修缮，不但可以将破碎的原作还原，还可以增加另一种难以言喻的"残缺的美"。面对缺陷时没有去选择试图掩盖，欲盖弥彰，而坦然接受生命中的这份不完美，坚守心中那份对于美的追求。有些人甚至故意将器物打碎，再用金缮修复，为的便是追求残缺的意境之美。

这个世界上存在很多的不完美，也可以说不完美的物质组成了不完美的世界。我国四大名著之一的《红楼梦》，作者曹雪芹生前只完成了前八十回的创作，因此《红楼梦》也留给了后人、读者无限的想象和种种谜团。所以可以说，红楼之美也是不完整的。有人说，世界并不完美，人生当有不足。不完美并不可怕，可怕的是看不到自己的价值，选择嫌弃和抛弃它。要学会去接纳自己的不完美，接纳遗憾和残缺，去发现这个世界的美好。

四、勇气是优雅地面对压力

在现在这个生活节奏不断加快的社会，我们会面对各种各样的压力。海明威说过："勇气是压力下的优雅风度。"在面对压力的时候，那些能从容应对、不慌不忙、不急不躁的人才是生活中真正的智者。优雅地面对压力不仅能体现一个人的心理素质，更能体现一个人的应变能力。所以，面对压力的时候，请保持一颗沉着冷静的心，请以优雅的姿态去面对生活所给予你的各种压力。

在 2009 年美国发生的这样一件事，不禁让我惊叹在面对压力时从容不迫的应对真的很重要。2009 年 1 月 15 日 15 时许，漫步在美国哈德逊河边的人们发出惊呼。只见一架洁白的飞机，如一只张开翅膀的大鸟，冲向冰冷的水面，激起巨大的水花。

机上一共搭载了 155 人！那是当天下午 15 时 26 分从拉瓜迪亚机场起飞的 1549 次航班，起飞后不久就遭遇鸟群，两个引擎失去动力。眼看就要发生机毁人亡的悲剧了。然而，不可思议的一幕发生了：飞机平稳停摆在水面上。第一艘靠近它的救援船发现，机上人员包括一名 9 个月的婴儿和一个幼儿在内，全部幸存。除一人骨折外，其他人几乎没受什么伤。真是一个奇迹！此举开创了民航史上水面成功迫降、无一人死亡的先河。

这件事上报以后，前任总统布什、时任总统奥巴马都写信祝贺。全球媒体忙着转载这条新闻，并赞叹"这真的是一个奇迹！"然而 1549 次航班究竟是怎样躲过灭顶之灾的呢？这其实归功于机长切斯利·萨伦伯格在面对紧急情况及压力时的沉着冷静。

这位有 40 年飞行经验的机长，曾是美国空军战斗机飞行员，他的一系列恰到好处的应对，堪称无懈可击。在遇险之后，他立刻从副驾驶手中接管飞机，并报告塔台，得到了"沿哈德逊河向南开，降落在新泽西的泰特波罗机场后"的指令，但那样会经过人口密集的居民区，万一坠落，可能酿成更惨重的损失。机长稍一思忖，立刻答复："不，我们不能这样做。我们会直接降落在哈德逊河。"

这一决定相当于把风险和责任背在肩上。水上迫降，技术难度非常高，要求飞行高度足够低，飞行速度足够慢，否则飞机会无法承受与水面相撞刹那的巨大作用力。飞机瞬间解体、倾覆的惨剧，历史上不是没发生过。技术精湛、经验丰富的萨伦伯格机长显然已成竹在胸，他并没有十分惊慌，而是沉着而冷静地做着自己应该做的事。他一方面努力使失去动力的飞机在空中保持平稳飞行，一方面冷静地通知乘客："准备进行空难着陆""把身体蜷好"。

当飞机停好，人们乘救生艇离开后，萨伦伯格坚持最后一个离开飞机，在舱内巡视两遍，确认所有乘客都已离开。他自始至终保持镇定从容。给妻子打电话，他云淡风轻，并不像刚刚经历了这样危险情况的人，他对妻子说："刚才，发生了一起事故。"

一位营救人员描述了其眼中的萨伦伯格机长："他坐在渡口的终端里，戴着帽子，品着咖啡，好像一切从来都没有发生过似的。他看起来无可挑剔，制服，笔挺。"无可挑剔的专业水准和令人心仪的优雅风度，令五十七岁的萨伦伯格一跃成为网络红人，Facebook 关于他的留言多达数千条,纽约市长布隆伯格引用了海明威的话赞扬他:"勇气是优雅地面对压力,我认为,萨伦伯格展示了这种能力。"

萨伦伯格机长在面对压力和困难时,能表现得那样沉着冷静,那样从容不迫,不仅归功于他高超的专业水准,更归功于他在面对压力时良好的心理素质。

生活中处处存在着各种各样的压力,但这并不能作为我们抱怨、焦急的理由。在面对压力时,我们要做的首先是暗示自己:你要冷静,要相信自己。当你焦急的心已经平静下来的时候,你就要开始思考应该如何应对,在思考对策的时候你要做的就是要考虑周全,尽量把可能发生的情况都考虑到。最后下决定去做的时候不要有任何的犹豫和改变,要相信自己。

在遇到压力时大多数人的脑子里都会想:"天哪,怎么会变成这样?""我该怎么办?""太糟糕了!我绝对应付不了。"这样的想法只会让你在压力面前变得更加焦虑,更加寸步难行。那何不换一种思维呢?"这会有难度,但我一定可以做好。""这会是一个很好的学习机会,通过它我会有所收获。"这些想法会让你更加有动力去行动,这些想法会让你焦虑的心逐渐平静下来。

从心理学上讲,我们的所有行动是受我们的思维所影响和支配的。所以从思维上改变,从思维上给予自己一些自信,你会发现行动起来也许不再那么难了。同时,在面对压力时,你可以尝试着改变自己的生活方式、工作方式或者学习方式。

如果在遇到困难的时候,你只是一味地抱怨、焦虑,这样不仅不能解决问题,反而会让你产生更多的负面情绪,会让你觉得压力越来越大。当你开始适当地改变你的生活、学习方式,你会发现你的效率会越来越高,在压力面前你会变得越来越从容不迫。

压力，在生活中是无可避免的，是不能逃避的。压力大到可以把你压得喘不过气，小到可以让你心情焦虑。既然无可避免，那何不挺直了腰板去面对它，去与它抗争？何必把自己弄得像一个弱者一样，猥琐不堪，疲惫不已呢？何不优雅一点、从容一点，做一个智者，勇敢而坦然地去面对困难，去面对生活所给予你的压力？你终会等来命运的转机，会得到与众不同的收获。

亲爱的朋友，在面对压力时，何不抱着"山重水复疑无路，柳暗花明又一村"的心态，去坦然面对它。亲爱的朋友，当压力来临之时，请你多一些勇敢，多一些沉着，这样生活也会给予你多一些眷顾，多一些收获。

五、洒脱地走一回

"天地悠悠，过客匆匆，潮起又潮落，恩恩怨怨，生死白头，几人能看透，红尘啊滚滚，痴痴啊情深，聚散总有时。留一半清醒，留一半醉，至少梦里有你追随，我拿青春赌明天，你用真情换此生，岁月不知人间多少的忧伤，何不潇洒走一回。"一曲《潇洒走一回》道出了每个人心中所渴望的那种难得的洒脱情怀。人这一生短短一遭，何不洒脱地活一回，何不真真切切地做一回自己呢?

洒脱是一种超脱

一个超脱的人可以把多么艰难的生活，都过得快快乐乐、轻轻松松，相反一个消极的人也可以把天堂一样的日子过得无比艰难。

深受美国人爱戴的罗斯福总统，小时候就长得不好看，他也为此变得十分自卑，讲话直发抖，嗓音嘶哑。可这些缺点没有成为他的累赘，相反，他以乐观向上的态度面对这些缺陷，不断地与这些缺陷作斗争。这培养了他敢于斗争的精神，而这种精神成为他毕生伟绩中的资本，也成就了他这一生的辉煌。

生活中常有人为自己的无意差错而懊悔不已，甚至多少天茶也不思，饭也不想。生活中还有人钱包被窃，有人家中发水，有人得了绝症或者甚至更加严重的事情发生，这就导致他们变得特别得悲观，不愿面对这些问题，甚至想结束自己的生命来回避这些问题。

但你要知道钱丢了可以再赚，不就是多付出点辛苦和努力吗？屋宇受到了破坏，大不了修补，或者重新修建；得了绝症，但你至少还有时间可以享受生活呀！其他严峻的事情发生了，就尽量再想补救的办法。生命只有一次，生命诚可贵，何不以乐观的心态去面对生活中的艰难险阻呢？

当然，如果我们平时能够把事情做得过细些，把事情想得更周到些，把能够防止的事情和苦楚毁灭在萌芽之前，也许就有可能避免有些事情的发生。在这一点上有的人就表现得很潇洒，手机被窃就重新再买一个，项链丢了就重新换一条，因为这些事件既然已经发生，懊悔已经没有用，以后留神就是了。

记得，原来家里养过一盆水仙花，这株水仙花已经生长了多年，它的花开得十分茂盛，它的枝干也长得十分粗大。几回搬家，我都很谨慎小心，可这么多年的心血却在一次搬家途中，因为我不小心将它的培育器皿打碎了，导致当时就有两株枝干断裂。当时我很惋惜和难过，可断了的水仙花再也不能恢复原样了，这是一个不能改变的事实。

我并没有一直伤心难过，而是将它残破的枝干剪下，并在断裂的枝干处涂了一些营养液。我依旧乐观地相信它还会散发出新的生命活力。尽管它的骨干已经失去，但水仙花的枝干又坚强地长了出来；尽管不如以前的景色，但它的生命力让我敬仰。掌握住已经有的，总比空叹空中楼阁的梦幻要实际得多。

古人在潦倒失意之后的洒脱更令我佩服，"天生我材必有用，千金散尽还复来"，"我是清都山水郎，天教散漫与疏狂"。没有人的一生都会是顺顺利利地度过，但更重要的是在面对困难时，你将是以一个什么样的态度去面对呢？所以，请以超脱的态度去面对生活所给予你的负面的东西吧！

洒脱又是一种投入

人生，是一道难解的题，而你该怎样找到解题的方法？人生，是一场有规则的竞赛，而你如果失去了规则，就要被罚下场！人生，又是一次单程的旅行，如果你没有计划好路线，就可能被甩出轨道，那么就会跌得头破血流。

首先，你需要摆正自己的人生地位，选择适合的人生道路。每个人都盼望成功，每个人都盼望自己的人生丰富多彩，这些都无可非议。可是成功的标记是什么？是显赫的地位，还是更多的财富？如果一个人把成功用这样的标准来权衡，那么，在他的解题进程中，就会掺杂着私欲、阿谀奉承、阳奉阴违、贪欲纵横、不择手腕，不仅没有一个正确的解题思路，而且最后只能宣布此题无解。

有人会说天大地大，也有人会说权大钱大，而我却要说："什么都不能跟人的心比，人心是最大的。"有句话叫"心底忘我天地宽，宰相肚里能撑船"，意思是人要有广阔的胸襟，就可以容纳万物。人的心可以接纳和包含许许多多的东西。但是，如果人心被私欲填满，便会适得其反，这时的心又会变小。心确实很大，但人的欲望更大，请不要让私欲蒙蔽了你的心。

人生是一次单程旅行，没有人会给你返回的车票，要时常给自己一点鼓励，告诉自己："你一定能行！"这样便会使自己的旅程充满了鸟语花香。在工作中请带着热情去干每一件事，你就会发现你的职场之路会越来越顺利。假如一个人不爱自己的工作，那么他可能会以消极的心态去干工作中的每一件事。所以，请跟随着心的方向去走，潇洒一点，去干自己想干的事，去选择自己喜欢的工作。因为工作不仅是为了别人，更是是为了自己，它体现的是一种合作精神，人人为我，我为人人。如果把工作当成一种乐趣，如果把工作当成一种享受，那么生活每天都会充满阳光。做自己所爱的工作，尽自己之所能，全身心投入进去，当回想旧事的时候，你便可以心安理得地说："我活得很洒脱，我做自己喜欢的事，我从来不曾后悔过。"

洒脱也是一种付出

生活对每个人都是公平的，没有人是可以不付出就会有收获的。所以洒脱的付出，也是一种明智的选择。

还记得小学课本里"羚羊飞渡"的故事吗？猎人们正追赶着一群羚羊，最后来到一处悬崖，羚羊们无路可逃。猎人们得意忘形的时候，突然听见一只老羚羊发出一阵消沉的鸣叫，羚羊的队伍站成了两队，年轻的一队，年老的一队……

人们很惊讶，只听到那只老羚羊又一次低鸣，年迈一队中的一只羚羊顿时冲向悬崖并跳了出去，那身影在空中像一条彩虹，紧接着年轻队伍中的一只羚羊也冲上去并高高地跳起，踏到正在降落的老羚羊的身上，借助这个"跳板"飞渡到悬崖的对面。良久，才听到老羚羊落到幽谷的声音。就这样，老羚羊和年轻羚羊一对接一对地跃起，年轻的羚羊生存了下来，而老羚羊选择了死亡。

悬崖上最后只剩下老羚羊领袖，它回首看看惊呆了的人群，一声低鸣，毅然冲向悬崖，在空中构成一道凄美的虹……老羚羊用自我牺牲的奉献精神，挽救了大家，得到了种族的延续，我感到这种牺牲是值得的，有价值的。

　　洒脱，不仅是种生活态度，也是一种处理问题、面对问题的心态。洒脱的态度，会使你的生活变得更加轻松，会使你的心胸变得更加宽阔。所以请跟随心的方向，请洒脱地做自己吧！

六、成为你自己想成为的

年少时的我们，总是希望能够快快长大，这样就可以做自己想做的事，变成自己想成为的人。然而，长大了以后，却发现现实往往没有我们想象中的那么美好。长大以后我们会发现我们不仅没有成为自己想成为的那个人，反而活得越来越不像自己了，笑不再单纯，哭不再彻底，每天面对着自己不喜欢的人，干着自己不愿意干的事。这一切的一切都好像与你所想的背道而驰，这个时候你会感到迷茫，你会觉得迷失了自己。而这个时候我想告诉你："忘记那些规则，忘记别人对你的希望，放手做自己，成为你想要成为的那个人。"

老实说我一直是一个科幻迷，一直特别喜欢《X战警》这个系列的电影。今年上映的《金刚狼3：殊死一战》，看完以后我不禁陷入了意味深长的思考之中。这部看似充满暴力和动作的英雄电影，实则处处透露着温情的氛围。

在这部电影中，有一天一位陌生的女子找到了金刚狼罗根，将一位名叫劳拉的女孩托付于他，并告诉他请他务必将劳拉送到位于加拿大边境的"伊甸园"。让罗根没有想到的是劳拉居然是被植入了自己的基因所培养出来的人造变种人。

在邪恶的唐纳德的追踪下，罗根带着劳拉走上了逃离和反抗的道路。

我还清楚地记得在电影中罗根对劳拉说了这样一句话："成为你自己想成为的，别成为他们所希望的。"这句话不禁让我想到了自己以及现在的许多人的生活状态。

我们每天忙忙碌碌的生活着，为了家庭、爱的人而努力着。但我们好像一直就这样日复一日地过着单一的生活，却从来没有问过自己："现在的生活是你真正想要的吗？现在的你还是那个你一直想成为的人吗？"我们现在就好像那个人造的变种人，一直是以别人希望的样子在这个社会上生活着。

小时候，你总会有许许多多的梦想，总会希望成为这样或者那样的人，你或许想成为像蝙蝠侠那样的超级英雄，你或许想成为像贝多芬那样伟大的音乐家，你或许想成为像爱因斯坦那样造福人类的科学家。然而在成长的过程中，你会发现你的想法和梦想，受到了各种各样的质疑、嘲笑、阻碍。父母可能会告诉你："你以后干这个会有什么出息，你要做那样的工作才会有出息。"别人会质疑你："你是在异想天开吗？你哪来那么大的自信呀！"这个时候大多数人会选择放弃，甚至都不会选择坚持自己的想法，去努力尝试一下。我想说：真正的人应该是为自己而活，而不是在别人的希望和言语下活着。

1953 年的电影《原野奇侠》有这样一个情节，肖恩拿起枪，消灭了坏人，然后，他跟被救下的镇上的一个孩子说："人必须忠于自己，不能违背本性。带着杀戮活下去是很难的，这里面没有退路。对与错，都是个标签。这种标签会伴着你一生。现在快跑回去找你妈妈吧，告诉她一切都好。山谷里不会再有杀戮了。"

就像这段台词说的那样，人必须时时刻刻都忠于自己，必须忠于自己的内心，因为你是为自己而活。只有这样，你的人生才会散发出属于你自己的人性的光辉。没有人会一直陪你走完这一生，没有人会跟你一样感同身受，没有人可以决定你该成为什么样的人。既然如此，何不快快乐乐、轻轻松松地做自己呢？何不自己决定你自己将要成为什么样的人，将成就什么样的事业呢？如果连自我的本性以及选择的权利都丧失的人，这样的人活得有多么的失败、多么的不堪呢？

大学的时候认识的一个男生，他特别喜欢种一些花花草草，而你难以想象他是金融专业的学生。他大学除了学习，几乎把百分之八十的时间都放在研究怎样种植这些花花草草上面。我们原本以为这只是他的业余爱好。没想到大学毕业以后，他并没有选择去金融公司工作，而是去郊区的农场租了一片地，开始种起花花草草。听说他的父母知道了他的这个决定，大老远从老家赶过来劝他。结果，他不仅不听劝阻，还信心满满地跟他的父母说："相信我，几年以后我一定会成功的。"他的父母见劝不了儿子，只得原路返回。

当时，大家也都觉得他不应该这么做，他会为他的任性而后悔的。结果没想到几年之后，他真的创业成功了。他培育出了品质优良的花，并且还创立了自己的品牌，客人不仅可以买到品质优良的花和盆栽，而且还可以自己 DIY 定制鲜花盆栽礼物送给朋友、亲人、爱人。

他的订单越来越多。他还利用他学的专业知识，在网上开了网店，并利用电脑数据分析顾客的喜好，做得更加人性化。在听到了这个消息时，我心里十分庆幸，庆幸他是个理智的人，是个坚持自己梦想的人。在遭到大家的质疑和父母的阻拦时，他并没有选择听从父母、朋友的建议，质疑自己的想法，而是选择了相信自己，跟随自己心中所想去努力。他是成功的，他成为了自己想成为的那个人。

对于人类而言，生命的目的便是不断地尝试，不断地寻找真正的自己。我拥有的特质和潜力都是独一无二的。每个人来到这个世界，都有属于自己的成功法则和成功的道路。顺着这种法则和道路不断成长，也许你的道路走得并没有想象中的那么顺利，但比照其他的方法和别人的意见而走的人，更加自信，更加有动力。所以，在充满许多选择的人生道路上，你要相信，你具有所有人所具备的一切，你拥有属于你自己的精神上和心智上的力量，你一定会成为你想成为的那个人，你可以做成比自己想象中更伟大的事情。